室内环境艺术创意设计研究

杨勇　著

吉林出版集团股份有限公司
全国百佳图书出版单位

图书在版编目（CIP）数据

室内环境艺术创意设计研究 / 杨勇著 . -- 长春 :
吉林出版集团股份有限公司 , 2023.11
ISBN 978-7-5731-4446-1

Ⅰ . ①室… Ⅱ . ①杨… Ⅲ . ①室内装饰设计－研究
Ⅳ . ① TU238.2

中国国家版本馆 CIP 数据核字 (2023) 第 212286 号

SHINEI HUANJING YISHU CHUANGYI SHEJI YANJIU

室内环境艺术创意设计研究

著　　者　杨　勇
责任编辑　杨　爽
装帧设计　优盛文化

出　　版　吉林出版集团股份有限公司
发　　行　吉林出版集团社科图书有限公司
地　　址　吉林省长春市南关区福祉大路 5788 号　邮编：130118
印　　刷　定州启航印刷有限公司
电　　话　0431-81629711（总编办）
抖 音 号　吉林出版集团社科图书有限公司 37009026326

开　　本　710 mm × 1000 mm　1 / 16
印　　张　16.25
字　　数　210 千
版　　次　2023 年 11 月第 1 版
印　　次　2023 年 11 月第 1 次印刷

书　　号　ISBN 978-7-5731-4446-1
定　　价　88.00 元

如有印装质量问题，请与市场营销中心联系调换。0431-81629729

前言

艺术设计是一门既注重实用性又注重美学价值的学科，是设计领域中的重要分支。室内环境艺术设计是针对室内空间所进行的设计活动。本书旨在通过对室内环境艺术设计的相关概念、理论内容、设计方法、风格流派、色彩设计、照明设计、空间设计、陈设与搭配等方面的介绍，为读者提供一份系统化的室内环境艺术设计著作。

本书致力于将专业性和易懂性相结合，力求让读者对室内环境艺术创意设计有一个全面而深入的了解。每个章节都包含基础知识、实践方法和创意设计等方面的内容，通过实例与少量图表相结合的方式，使得理论内容更加生动、形象、易于理解。

全书共分为八个章节，包括室内设计的相关概念、室内环境艺术设计的相关概念、室内环境艺术设计的理论内容、室内环境艺术创意设计、室内设计风格流派概述、室内色彩设计、室内照明设计、室内空间设计、室内光线设计、室内陈设与搭配以及新理念下的室内设计发展趋向等内容。在第八章中，著者讨论了守正创新——传统文化在室内设计的创造性融入、绿色理念下的室内环境艺术创意设计以及数字化发展理念下的室内环境艺术创意设计等重要话题。这些话题反映了现代社会对室内设计的新需求和新方向，也为未来的室内环境艺术创意设计提供了更广阔的空间和更多的可能性。

最后，希望本书能够成为广大室内设计师、艺术设计爱好者以及相关行业人员的一份重要参考资料，为推动室内环境艺术创意设计的发展作出贡献。由于撰写时间较为仓促，本书难免存在一些不足之处，希望相关领域的专家学者批评指正！

作者

2023年12月

目录

第一章 概述

第一节 室内设计的相关概念

一、设计

室内设计属于设计这一范畴的下辖内容，是设计领域中的具体分支，因此在研究室内设计之前有必要先对设计进行简要研究与介绍。

（一）辞源上的“设计”

“设计”，为常见的汉语词汇，现在一般指把一种设想通过合理的规划、周密的计划以及通过各种方式表达出来的过程。从辞源上来看，“设计”是“设”与“计”二字组成的合成词汇。

1.“设”

“设”，自古以来就具有多重含义，主要包括摆设、陈列；创立、建立、开创；秘密策划等。《说文》中有“设，施陈也”。《诗·小雅·彤弓》有“钟鼓既设”。《礼记·月令》有“整设于门外”。《礼记·经解》有“规矩陈设”。《战国策·秦策》有“张乐设饮”。《淮南子·本经》有“设树

险阻”。上文中出现的“设”均为摆设、陈列之意。《公羊传·桓公十一年》有“权之所设”，这里的“设”指的是创立、建立、开创。而《淮南子·修务训》中“设以攻宋”中的“设”则指秘密策划。

在如今的汉语大字典中，“设”的含义更加广泛，多达十几种。包括设置、安排；施用；陈列、摆设；建立、开设；全、完备；肴馔；引申为饮宴、宴请；设想、谋划；适合等。不过在多数情况下，人们常取“设”的摆设、陈列与创立、建立、开创之意。

2.“计”

“计”最早见于战国时期，之后常见于我国的诸多古代典籍之中。《说文》云:“计，会算也。”《礼记·月令》又有“命农计耦耕事”的说法，上述“计”均同本义，即计算。

此外，“计”还有其他的含义，如《资治通鉴》中“主逼畏不敢计”中的“计”指计较；柳宗元《三戒》中“计之日”中的“计”指商议、谋划;《孙子兵法·威王问》中“料敌计险”中的“计”指考察、审核。

3.“设计”

设计的英文为“design”，这个词既可以作为名词，又可以作为动词。作为名词，它可以意味着“目标”（purpose）、“计划”（plan）、“意向”（intention）、“目的”（goal）、“图谋”（malicious intent）、“阴谋”（plot）、“形式”（form），或者“基本结构”(fundamental structure)。这些（以及其他的）意思都和“狡猾”还有“灵巧”有着密不可分的联系。作为动词，“设计”意味着“谋划”“捏造或仿造”“拟稿”“素描”“塑型”，或者“有计划地执行任务”。

“design”源自拉丁文的“designare”，到了18世纪，“design”词义有所丰富和发展，不过仍然被界定在艺术领域之内，如1786年的《大不列颠百科辞典》就将“design”解释为“艺术作品的线条、形状，在比例、动态和审美方面的协调。”19世纪之后，“design”开始具有更加广阔的含义范围，现代意义上的“设计”概念开始形成。

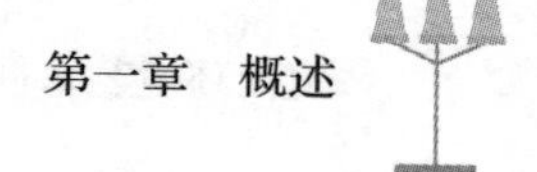

在《现代汉语词典》中，“设计”一词是指按照一定的目标，在实施工作之前所预先制定的方案、图样。

在《实用英汉辞典》中，“设计”一词是指通过行为而达到某种状态，形成某种计划。

在《大不列颠百科全书》中，“设计”一词又常常指记在心中或者制成草图或模型的具体计划。

综合上述关于“设计”一词的各种看法与解释，本书认为，设计一般是指策划一个即将实施的项目，然后按照策划的要求进行构思、制定方案、实施操作、绘制图样、进行施工、检验样本、通过设计方案的验收等整个环节的工作。简单来说，设计就是设想、运筹、计划、预算的过程。

（二）设计的意义

设计具有多重意义，包括经济意义、文化意义乃至社会意义。

1. 经济意义

设计具有极强的经济意义，有利于经济领域的发展。“在今天，知识与智力的投入，能创造较人力投入、资金投入高得多的回报率。而设计作为一种智力密集型的‘软投入’，较之改造生产设备、增加劳动力之类的‘硬投入’能创造更高的经济效益。”[①] 如果对一种传统产品进行精心加工与设计，其价位将在原有基础上获得明显提升。同时，当代社会还是一个讲究品牌经济的时代，两种相差无几的商品，如果其中一种商品具有优秀的品牌价值，其经济效益便会显著提升。“具有高附加价值的品牌产品，除了具有一般商品的使用价值之外，还具有心理价值、稀有价值等。设计正是创造商品高附加值的有效手段，可大大提升商品的市场竞争力与经济效益。例如：百事可乐、可口可乐、麦当劳、肯德基、苹果、索尼、奔驰这些世人耳熟能详的世界超级品牌，是巨富的象征，其

① 伏虎、李新、李俊主编《设计概论》，四川美术出版社，2017，第19页。

身价可谓天价，世间无物可与之比拟。这些超级品牌全是设计造就的，从命名、标志、标准字、标准色、产品造型、包装、市场推广，每一个环节都浸透着设计者精心的策划与设计，集聚着很多优秀设计师的心血与智慧。”①

2. 文化意义

设计不仅是一种创造性的行为与活动，同时具有很强的文化性。自古以来，在不同的地理条件与生活方式的影响之下，不同的文化圈形成了不同的文化体系。在不同的民族中，一直都有本民族所普遍信奉的思维方式与行为准则，这使得该民族在日常生活的方方面面都体现着其本身的文化内涵。

设计领域同样如此，处于不同文化体系下的设计者，必然会受文化脉络的影响而产生不同的设计理念与设计方式。在设计而成的产品之中无不透露着其文化元素的积淀。例如：我国传统思想文化注重“和合”“对称”“一统”，许多包装、广告设计作品中对此类观念就有所体现。

3. 社会意义

设计与当代社会的物质层面与精神层面紧紧相连，影响物质社会与精神社会的发展。

从物质层面来看，优秀的设计让人们的物质生活更加舒适、便捷、健康。例如：早期的汽车只能解决基本的代步问题，如今的汽车经过更新迭代，以及无数次的设计，已经成为一个小型的“家”，在代步这一基础的要求之上，增加了许多特性，如安全性、舒适性、智能性等。这一切均是设计的“功劳”。

从精神层面来看，优秀的设计作品能够向人们传递和表达深刻的文化内涵，包括道德观念、价值观念等，体现了社会特定阶段的文化氛围，对于提高人们的精神素养具有一定的积极作用。例如：设计合理的公共卫生设施，有助于人们养成良好的卫生习惯，保持环境的清洁卫生。此

① 伏虎、李新、李俊主编《设计概论》，四川美术出版社，2017，第19页。

外，还有许多设计品无不透露着艺术的美感，当人们在欣赏或使用时，会被这种艺术之美所感染，从而促进主体审美情操的提升。

总的来看，“设计”一词看似简单，但是却对现代社会发展具有十分重要的影响，优秀的设计产品具有极其重要的精神意义与现实意义。

（三）设计的类型

设计在其发展的历史进程中，形成了多种多样的设计门类。丰富多彩的设计种类反映着时代的风貌、经济的发展和科技的进步，丰富着人类的物质需求与精神追求。对设计种类的分析与研究，有利于设计者更好地把握不同类型设计的规律与特征，创造出实用美观的设计作品，更好地服务于人类和社会。

关于设计形态的分类，目前设计界有多种方式，设计师与理论家各自站在不同的角度对设计进行分类：或将设计分成平面设计、立体设计和空间设计；或将设计分为二次元、三次元和四次元的设计；或将设计分成建筑设计、工业设计和商业设计等。然而，目前设计界普遍接受和认可的一种分类方式是以构成世界的三大要素“自然——人——社会”为坐标点进行的分类，该分类方式把设计划分为产品设计、视觉传达设计和环境设计三类。

此外，若对设计进行更为细致的划分，还可分为如下多种类型（如表 1–1 所示）。

表1–1　设计的类型

商贸领域	商业设计
	新产品研发
	包装设计
	产品设计
	服务设计

（续　表）

应用领域	体验设计
	游戏设计
	互动设计
	软件设计
	软件研发
	软件工程
	系统设计
	用户体验设计
	用户界面设计
	人机界面设计
	网页界面操作设计
	网页设计
	网站设计
	信息设计
	教学设计
传达设计领域	书籍设计
	色彩设计
	传达设计
	内容 / 编排与内容设计
	展示设计
	图形设计
	资讯设计
	教学设计
	动态图形设计
	新闻报刊设计
	制作设计
	音效设计
	舞台设计
	字体设计

（续　表）

传达设计领域	印刷设计
	视觉传达设计
	影视动画设计
	动画设计
	广告设计
	平面设计
	形象设计
科学和数学领域	组合设计
	实验设计
物质领域	建筑设计
	工业设计
	建筑工程
	汽车设计
	手机设计
	陶瓷和玻璃设计
	环境设计
	服装设计
	插画设计
	家具设计
	园林设计
	规划设计
	室内设计
	景观设计
	机械工程设计
	永续设计
	城市设计
	深化设计
	环艺设计
	机械设计

（续 表）

物质领域	UI 设计
	装修设计
	印刷设计
	工程设计
	通用设计

二、室内设计

室内设计是一门集技术与艺术于一体的综合性学科，伴随社会经济水平的不断发展，人们生活水平的不断提高，人们更加注重居住空间及其周边的环境，在这样的需求下，室内设计也理所应当地成为快速发展的新兴领域之一。

（一）室内设计的定义

室内设计是设计领域所包含的重要内容之一，是专注于室内环境所进行的设计。由于学者研究的侧重点不同，关于室内设计的定义也存在些许差异。

龚斌与向东文等认为，“室内设计根据建筑物的使用性质、所处环境和相对应的标准，运用物质材料、工艺技术、艺术的手段，结合建筑美学原理，创造出功能合理、舒适美观、符合人的生理和心理需求的内部空间；赋予使用者愉悦的，便于生活、工作、学习的理想的居住与工作环境，创造满足人们物质和精神生活需要的室内环境。”① 他们还明确表示，“室内设计是建立在四维空间基础上的艺术设计门类，包括空间环境、室内环境、陈设装饰。”②

王海涛、王秀娟、刘国辉则在《建筑效果图设计与制作》中对室内设计作出如下界定：“室内设计主要是指建筑所提供的室内环境设计，即

① 龚斌、向东文主编《室内设计原理》，华中科技大学出版社，2014，第 3 页。
② 同上。

运用相关的技术手段和美学原理，创造满足人们物质和精神双重需求的室内环境。具体来说，要根据建筑内部的使用功能、艺术要求和业主的经济能力，依据相关的法规和规范等因素，进行室内空间组合、改造，进行空间界面形态、材料、色彩的构思和设计，通过一定的物质技术手段，最终以视觉传媒的形式表达出来。”[①]

周芬、汪帆、刘严等认为，“室内设计是有目的、有意识地对建筑特定内部范围空间的环境进行规划或布置，利用物质和技术手段使之满足人们生理上和心理上的特殊需要。”[②]

乔国玲、陈天勋在《全国高等院校艺术设计专业“十三五”规划教材 室内设计基础》一书中表示，“室内设计是指人们在建筑物内部开展空间的功能性和艺术性创造活动，满足人们对生活空间的物质性、精神性、社会性需求，在这个创造性活动中，体现了一定时期内和特定地区内人们的艺术审美和文化特征。”[③]

综合上述各学者对于室内设计的界定，本书认为，室内设计是根据建筑物的使用性质、所处环境与相应标准，运用物质技术手段和建筑美学原理，创造功能合理、舒适优美、满足人们物质需求与精神需求的室内环境的设计。简单来说，就是对建筑物室内空间环境的设计，是建筑设计的延续、深化与再造。

（二）室内设计的类别

根据建筑性质与使用功能的差异，室内设计可以大致分为以下几种类别：居住建筑室内设计、公共建筑室内设计、工业建筑室内设计、农业建筑室内设计。其中占据主要地位的为居住建筑室内设计与公共建筑室内设计。

---

① 王海涛主编，王秀娟、刘国辉副主编《建筑效果图设计与制作》，海洋出版社，2013，第4页。

② 周芬、汪帆主编《室内设计原理与实践》，华中科技大学出版社，2014，第2页。

③ 乔国玲、陈天勋：《室内设计基础》，中国轻工业出版社，2017，第12页。

1.居住建筑室内设计

居住建筑室内设计是面向大众日常生活起居的室内空间所进行的设计。伴随人们生活方式的改变，科技的发展和文化的进步，现代住宅不再是一个简单的栖身之所，它已成为在工作之余能够调节精神生活，丰富精神世界，发展个人专长和爱好，从事学习、社交、娱乐等活动的多功能场所。因此，住宅的室内设计除充分重视现代化条件的物质需要外，还应充分满足住户因不同职业、文化、年龄、个性特点所呈现出的千差万别的要求，营造出艺术与舒适相辅相成的空间环境。

对居住建筑室内设计进行细分，还可分为现代风格、欧式风格、中式风格、日式风格、地中海风格、工业风格等小类。

（1）现代风格是指以简洁、明快、不拘泥于传统为特点的风格，注重空间的功能性和使用效果，色彩多以明亮、淡雅的色调为主。

（2）欧式风格源于欧洲的历史文化，通常采用大气、华丽、精致的装饰，以及繁复的细节和浪漫的色彩。

（3）中式风格以传统文化和哲学为基础，注重空间的和谐、内敛和自然，色调多以淡雅、含蓄的色彩为主，常使用传统的装饰和家具。

（4）日式风格注重空间的简洁、自然、舒适，通常采用极简主义的设计风格，强调光影、材质和自然元素的运用。

（5）地中海风格以地中海地区的特色为基础，融合了希腊、意大利、西班牙等多个国家的风格，采用自然材质，运用艳丽的色彩元素，营造浪漫的氛围。

（6）工业风格的特点是利用未经处理的材料和工业元素来装饰室内空间，通常采用混凝土、砖墙、裸露的管道等元素，展现出一种现代而原始的氛围。

2.公共建筑室内设计

公共建筑室内设计包括文教建筑、商业建筑、办公建筑、娱乐建筑、医院建筑、展览建筑、体育建筑、交通建筑八种建筑类型。该类室内设

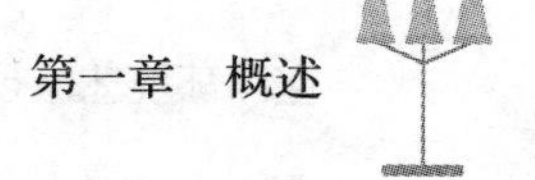

计面向大众，是一种服务于群体、服务于社会的设计类型。因此该类设计要经过大量调查与考证，以科学的数据作为指导。举例而言，针对铁路客运站的设计需要关注以下方面：空间组织上以服务于旅客为原则；力求营造安全舒适的空间环境；根据建筑空间进行客观性合理布局；适当节约能源；等等。

（1）文教建筑是指各种文化、教育、科研等用途的建筑物，例如：博物馆、图书馆、学校、大学、研究所、艺术中心等。它们的室内设计不仅要满足功能需求，还要表达文化、艺术等特点。

（2）商业建筑是指用于商业活动的建筑物，例如：商场、百货公司、超市、酒店、餐厅、咖啡厅、银行等。商业建筑室内设计是商家展示商品和提供服务的关键环节，设计风格要紧跟商业趋势和时尚潮流，同时要兼顾实用性和美观性。

（3）办公建筑是指用于商业、政府、教育等机构的办公场所，例如：公司总部、政府机构、学校行政楼等。办公场所的室内设计要考虑员工的舒适度和工作效率，同时也要考虑企业文化、品牌形象等因素。

（4）娱乐建筑是指用于娱乐活动的建筑物，例如：影剧院、音乐厅、游乐场、主题公园、夜总会等。娱乐建筑的室内设计要创造出欢乐、舒适的娱乐氛围，让人们在其中享受快乐。以下是娱乐建筑室内设计的类别：主题式的娱乐建筑室内设计通常以一个特定的主题为基础，如海洋、太空、古代文明等，创造出一个充满趣味和想象力的娱乐空间。采用独特的材质、形状、色彩和灯光效果，以及模拟器、VR 等高科技手段，让游客沉浸在一个奇妙的主题世界中。现代式的娱乐建筑室内设计注重给人以时尚、先进、高科技的感觉，使用现代材质和设备，如 LED 屏幕、互动投影、智能灯光、立体声音响等，创造出一个充满科技感的娱乐环境。还注重舒适性和安全性，让游客在娱乐中得到充分的放松和享受。自然式的娱乐建筑室内设计注重给人带来自然、环保、健康的感觉，运用天然材料、绿色植物、自然光线等元素，创造出一个充满自然气息和

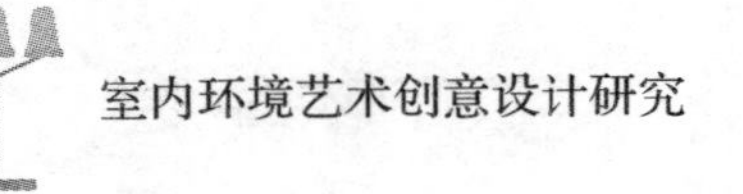

舒适感的娱乐环境。同时，还注意环境卫生和空气质量等问题，保证游客的健康和安全。

（5）医院建筑是指用于医疗保健服务的建筑物，例如：综合性医院、诊所、护理院、疗养院等。医院建筑室内设计要考虑医疗服务的特点和患者的需求，创造出一个安静、舒适、温馨的医疗环境。

（6）展览建筑是指用于展示艺术、文化、科技、商业等展览活动的建筑物，如艺术馆、展览中心等。展览建筑室内设计要创造出一个具有展示和教育功能的艺术空间，让观众能够领略展品魅力，挖掘展品的文化内涵。

（7）体育建筑是指用于体育比赛、健身训练、运动会等体育活动的建筑物，如体育馆、体育场、游泳馆、健身房等。体育建筑室内设计要创造一个安全、舒适、高效的运动环境，满足不同运动项目的需要。

（8）交通建筑是指用于交通运输、旅游和服务的建筑物，如机场、火车站、地铁站、港口、汽车站等。交通建筑室内设计要创造一个方便、快捷、舒适的交通服务环境，让旅客能拥有一次轻松愉快的旅行。

3. 农业建筑室内设计

农业建筑室内设计主要指的是各种农业生产用房，包括农业温室、农机库、冷库、粮仓等。农业建筑室内设计要创造一个符合农业生产和经营需要的环境，提高农业生产的效率和质量。

（1）农业温室是指用于种植作物、花卉和蔬菜等的建筑物，通常由金属框架和玻璃、塑料等材料构成。农业温室室内设计要创造出一个适合植物生长的环境，提供适宜的温度、湿度和光照条件，以保证植物的健康生长和生产效率的提高。

（2）农机库是指用于存放农业机械、工具和设备的建筑物，通常由混凝土、钢筋和砖块等材料构成。农机库室内设计要创造出一个安全、有序、易于管理和使用的环境，以提高农机设备的维护和使用效率。

（3）冷库是指用于储存冷藏或冷冻食品、药品、化工原料等物品的

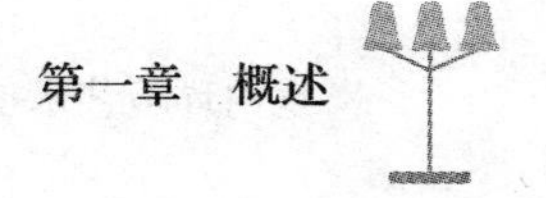

建筑物，通常由钢筋、混凝土和保温材料等材料构成。冷库室内设计要创造出一个温度、湿度、通风和照明等方面符合要求的环境，以保证储存物品的品质和安全。

（4）粮仓是指用于储存谷物、饲料、种子等物品的建筑物，通常由木材、石头、砖块等材料构成。粮仓室内设计要创造出一个干燥、通风、安全和易于管理的环境，以保证储存物品的质量和安全。

4. 工业建筑室内设计

随着人类社会生产力与社会发展水平的不断提高，工业建筑室内设计开始成为人们关注的问题。工业建筑室内设计是对人类从事物质生产加工和体力劳动的建筑内部空间进行的设计。该类设计需要处理好处于室内环境的人与机器的关系问题。既要保证机器的合理运转，还要对人们在工厂中工作的情绪有正向促进作用。例如：将机械美学蕴于其中，着重强化机械功能与形式之间的逻辑性，推动技术与结构完美结合，并且强调建筑风格的普适性，以更加简洁的结构形式达到更高的效率与更美观的外形。比较常见的工业建筑有车间、仓库等。

（1）车间是指用于进行某种特定工艺的建筑，如焊接车间、钣金车间、喷涂车间等。设计师需要根据具体车间类型和生产需求，制定出合理的设计方案，以创造出一个高效、安全、舒适和生产质量稳定的车间生产环境。

（2）仓库是用于存放和管理货物的建筑，一般包括原材料仓库、成品仓库、半成品仓库等。仓库室内设计需要根据具体的存储需求和管理方式进行设计。例如：冷库的室内设计需要考虑温度控制、货架选择、保温材料和通风等因素。自动化仓库的室内设计需要考虑自动化存储系统、自动化运输系统、自动化取货系统等因素。危险品仓库的室内设计需要考虑防火、防爆、通风等因素。

（三）室内设计的原则

室内设计作为一项专业的设计工作，具有既定的原则，任何室内设计师都需要遵循原则，在原则的要求下尽可能在预算范围内完成设计目标。主要的原则包括整体性原则、实用性原则、经济性原则、色彩性原则、环保性原则、美学性原则。

1. 整体性原则

室内设计需要设计师对于室内空间环境有一个整体性的认知与把握，设计工作也要全盘规划、统一考量，将室内的任何一个角落、任何一个方面都纳入整体之中。具体对一个空间进行改造或设计时设计师往往需要和不同的专业人员合作才能做出最后决定。与各种专业人员的交流与合作是室内设计作品成功的基石。此外，设计师还需要协调把握运用各种材料，包括照明、家具与陈设、色彩等，人的心理感受等各种设计语言也要合理地运用，这样才能创造出实用与美观相融合的空间。

2. 实用性原则

室内设计必须建立在实用的基础之上，缺乏实用性的设计华而不实，除了能够给使用者带来视觉上的美感之外，无法为使用者带来切身的实际效用。因此，室内设计的美观性必须建立在实用性基础之上，装饰得再漂亮如果不适合使用者的话，也不算成功。

3. 经济性原则

经济性原则体现在设计初期的限制施工成本上。但考虑性价比的同时也要考虑生态环境，设计师不能因为控制成本而选用一些可能危害人们身体健康的材料或对环境产生破坏的资源。

4. 色彩性原则

色彩设计在室内设计中起着创造和改善某种环境特点的作用，室内设计中的色彩设计必须遵循基本的设计原则，将色彩与整个室内空间环境设计紧密结合，才能获得理想的效果。设计师要注重色彩的对比与统一，关注人对色彩的情感，满足室内空间的功能需求，符合空间构图的

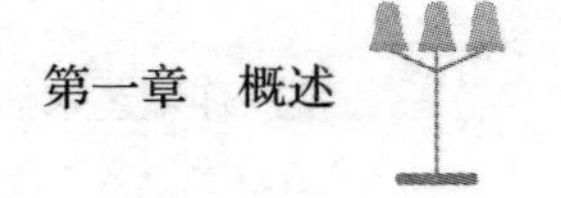

需要，达到美观的效果。

5. 环保性原则

室内装饰装修设计中所用的建筑材料大部分不可再生，所以室内设计过程中应该遵循节能原则，主要是合理分配规划资源，以可持续发展为基础。同时，还应遵循健康的原则，选用材料时应该以绿色、健康、环保材料为主，兼顾美观和实用性，倡导简约的设计风格，将审美性与功能性相统一，提高空间居住的舒适感。

6. 美学性原则

室内设计要具有一定的艺术美感，许多设计都是设计师在某一时刻突然产生的创意灵感。有时设计师会以目之所及的事物作为创作原型，有时会将脑海中突然“闪现”的片段作为创作原型。但无论怎样，都要确保设计的美观性，必须在一定程度上体现出美学的元素。

7. 可持续原则

室内设计要遵循可持续原则，即确保设计成果能够在今后的一段时间内始终保持已有的外观与作用。如果室内设计成果仅能保持极短时间，那么后期对其进行修补与完善时，不仅会消耗额外的资金，还会浪费人力物力。因此必须要遵循可持续原则。

第二节 室内环境艺术设计的相关概念

一、室内环境艺术设计的要素

室内环境艺术设计包含四方面的重点要素，接下来，笔者将对这几个方面的要素分别进行论述：

（一）室内空间的人流与流散组织

设计师进行室内设计时必须准确判断空间内部的人流分布状况，由于使用情况和使用性质有所不同，不同空间内部的人流分布状况存在明显差异，人流密集的场所与人流稀疏的场所，需要进行的设计存在明显的不同。

室内空间特别是中小型的室内空间，由于人流活动通常比较简单，人流量也较小，人流活动的安排一般采用平面组织方式。例如：在展览厅的室内设计中，设计师为了方便组织人流，并且在必要时进行分流，总是要求以平面方式组织展览流线，从而达到预期的使用目的。

而对于某些室内空间而言，其占地面积较大，内部的功能结构也比较复杂，如果单纯依靠平面的方式无法完全解决其流线组织的问题，通常还需要经过综合分析才能够妥善解决。换言之，有的活动需要按平面方式进行安排，也有的活动需要按立体方式进行安排。

（二）室内空间界面

1. 界面的要求和特点

设计师进行室内设计时，要对建筑内部底面、侧面、顶面等界面的共同要求与各自具体要求进行全面把握。共同要求包括：耐久性与使用期限，阻燃及防火性能，无毒、无害、无放射，易于制作、安装，隔热保暖、隔声吸声，经济实用。具体要求包括：地面需要耐磨、防滑、易于清洁、防静电等；侧面需要遮挡视线，有较好的隔声、吸声、保暖隔热效果；顶面需要质地轻巧，有较强的隔声、吸声、保暖隔热效果。

2. 界面装饰材料的要求

针对界面装饰材料，设计师需要仔细考察其性质、特点，根据不同的部位，找寻最适宜的材料。

（1）适应使用功能的性质。对于不同性质的室内空间，需要有相应类别的界面装饰材料来烘托室内的环境氛围，例如：文教和办公建筑的宁静、严肃气氛，娱乐场所的欢快、愉悦气氛，都与所选材料的色彩、质地、光泽、纹理等密切相关。宗教建筑需要神秘、幽静的氛围，常常

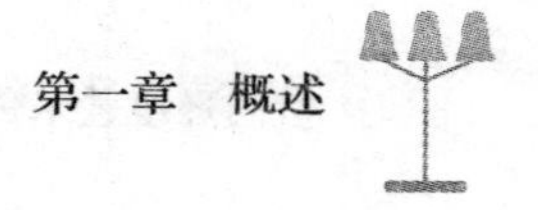

选用有质感的界面材料。例如：汉莎航空公司候机厅采用不锈钢、铝、彩色钢板等现代材料，突出科技感、时代感。

（2）适合装饰的部位。不同的建筑部位，相应地对装饰材料的物理、化学性能，以及观感等的要求也各有不同。例如：室内房间的踢脚线部位，由于需要考虑地面清洁工具、家具、器物与踢脚线碰撞，应足够牢固和易于清洁，因此通常需要选用有一定强度硬质、易于清洁的装饰材料，常用的粉刷、涂料、墙纸或织物软包等墙面装饰材料，都不能直落地面。

（3）符合更新、发展的需要。由于现代环境艺术具有动态发展的特点，室内环境并非一成不变的，而是需要不断地更新、调整。所以就需要“精心设计、巧于用材、优材精用、精耕细作”。

室内界面处理，铺设装饰材料是“加法”，但一些结构体系和结构构件也可以做“减法”。例如：裸露的结构构件，或是人们不易接触的墙面，可不加装饰。

在某些地区，适当选用地方材料，既可以减少运输，降低造价，又可以使室内空间具有地方特色。

3. 室内空间的质感

室内空间的质感差异能够给人带来不同的情绪体验，这种体验会在人的心中留下不同的感觉与印象，相当于“第一印象”，具有重要的决定作用。因此，设计师在进行室内设计时，要根据住户的不同需求，选用不同的材料，因为产生室内空间质感差异的主要原因就是材料。目前，室内设计所选用的材料按分类条件的不同可分成天然材料与人工材料、硬质材料与软质材料、精致材料与粗糙材料等。鉴于不同材料产生的不同效果，在确定材料时要把握好以下几点：

（1）要使材料特性与空间氛围相吻合。室内空间的性格决定了空间气氛，空间气氛的构成则与材料特性密切相关。因此，在材料选用时，应注意使其特性与空间气氛相符合。

（2）充分展示材料自身的内在美。天然材料巧夺天工，自身具备许多人工无法模仿的美学要素，因而在选用这些材料时，应注意识别和运用其中的美学要素，以充分体现其个性美。

（3）要注意材料质感与距离、面积的关系。当距离或面积大小不同时，同种材料给人们的感觉往往是不同的。设计中，应充分把握这一点，并在尺度不同的空间中巧妙运用。

（4）注意与使用要求的统一。对不同要求的使用空间，必须采用与之相适应的材料。

4. 室内陈设设计

室内陈设，指的是针对室内陈设物品的设计，主要包括家具、灯光、室内织物、装饰工艺品、家用电器、盆景、插花、室内装修等内容。“陈设品的范围非常广泛，内容极其丰富，形式也多种多样，不论时代如何变化发展，陈设始终以表达一定的思想内涵和精神文化为着眼点。并且起着其他物质功能无法取代的作用。它对室内空间形象的塑造、气氛的表达、环境的渲染起着锦上添花、画龙点睛的作用，是完整的室内空间必不可少的内容。”① 可见，室内陈设是十分重要的，在室内设计中扮演着重要角色。

二、室内环境艺术设计的流程

室内环境艺术设计是一个复杂的过程，综合性强、涵盖面广，融合了艺术与技术，需要专业人士进行细致分析，才能够完成设计的质量与规格，因此室内环境艺术设计的流程也相对比较烦琐，大致包含三个阶段，分别为准备阶段、构思阶段和完成阶段。

（一）准备阶段

准备阶段是室内环境艺术设计的第一个阶段，是设计师在进行设计

① 王霖：《不同视角下的环境设计研究》，吉林人民出版社，2019，第45页。

之前所做的准备活动。当设计师基本了解设计任务之后，要先对尚未开始的设计工作进行材料收集，并且深入分析工作完成的可能性，如果工作难以完成，则要采取其他的办法；若确定工作能够完成，则需要做好如下三项工作，分别为现场勘察、意向调查、资料整理。现场勘察，就是指设计师和工作人员共同赶往现场，了解建筑物周边的实际情况，包括物质情况与人文情况，如建筑物的结构、材质、空间、功能、造型，以及周边人群的文化水平、当地的文化氛围等。将这些内容进行汇总整理，从而形成翔实可靠的资料体系，确保之后以此为依托的设计活动更加精准、科学、完善。现场勘察对设计工作起到至关重要的作用。意向调查，也就是向甲方落实设计的具体要求，主要包括装饰设计的等级、投资额度、使用的功能、设计风格、设计的周期等方面，设计师需要深度揣摩甲方的意图，并且做好详细的记录，尽量最大程度地符合甲方的预期。文献资料的收集和整理就是为了了解有关的设计原则，掌握同类型空间的尺度关系、功能分区等而进行的准备工作。准备阶段决定了构思阶段与完成阶段的质量，是设计工作的“先导”，设计师必须注重准备阶段的一切事宜。

（二）构思阶段

构思阶段即思维思路的构建过程，是设计师对于设计活动的思考环节。“设计的构思阶段是设计思维的整合阶段，是将形象思维向逻辑思维转化的过程，最终将脑海中的形象转化为图面作业的工作程序。在整个思维过程中从室内环境的整体到局部，再到细部要进行综合的设计思考，同时必须树立正确的设计观念，信守经济、实用、美观、环保的设计原则，注重环境设计的整体观念。”① 构思阶段要进行概念设计与方案设计，概念决定了设计对象的整体风格，方案决定了设计对象的具体措施安排。

---

① 王霖：《不同视角下的环境设计研究》，吉林人民出版社，2019，第47页。

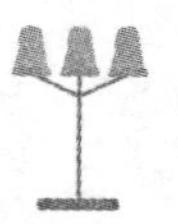

1. 概念设计

平面功能布局图和透视构思草图是这一阶段的主体。在这一阶段，平面功能辅助图为设计的重中之重，它是整个项目设计成败的关键，是整个设计的龙头，也是设计师投入精力较多的阶段。

室内环境艺术设计中的平面功能布局图是在建筑内部界定空间中进行的，根据使用功能要求可将空间划定为“动”与“静”两种空间形态。“动态”空间与“静态”空间的划分就是空间的交通面积与实用面积的划分，也就是研究整体空间的流线问题。研究交通面积与实用面积之间的关系，需涉及平面的功能分区、交通流向、家具位置、装饰陈设及其设备等多种因素，由于各个因素同属一个空间，且相互联系、相互制约，因而可能会产生多方面的矛盾，如何协调这些矛盾，使平面功能发挥最佳的使用效果，是设计师在此阶段所研究的主要课题。设计师必须反复推敲、对比，认真分析，才能得出理想的使用功能布局。

得到使用功能合理的平面布局后，设计师的下一步工作是着眼于空间的虚拟形体的塑造。在这个工作中，设计师要结合平面布局、建筑结构、家具陈设、灯光照明以及整体氛围的要求，创造出符合实际且理想化的空间。这种空间的表达形式主要是设计师大量的立面图及透视草图，设计师通过这些草图以完善头脑中的整体空间形象概念。

2. 方案设计

与方案设计相关的活动主要是绘制精准的平面功能布局图、立面图、吊顶图，之后设计师需要依据这些图来绘制准确的透视效果图。效果图绘制完成后，根据图片进行设计与安排。设计师进行方案设计时要对设计的诸多因素进行考虑，包括材质、质感、色彩、灯光等，这些都能够直接影响客户的视觉感受，从而间接影响情绪体验。在绘制透视效果图时，可以选择两种方式，一种是用计算机绘制透视效果图，另一种是手绘透视效果图。电子版在灯光和材质等方面的展示更加充分，手绘透视效果具有更强的艺术性与观赏性，两种方式互有优劣，需要设计师适当选用。

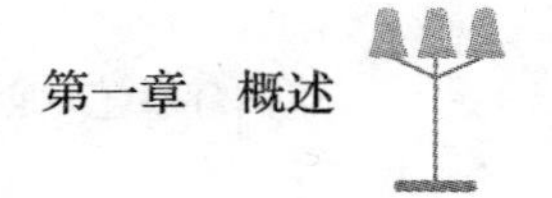

（三）完成阶段

设计完成阶段是对设计构思的标准化，即施工图作业阶段，该阶段涉及具体的施工环节，具有极高的技术含量，相关的测量、构造必须按照既定的数据来完成。完整的施工图纸包括功能分区与设备位置、界面材料与界面层次、细部尺寸与图案大样三个部分。

1. 功能分区与设备位置

功能分区与设备位置主要表现在平面图内，着重凸显各使用功能区的位置关系，同时标注供暖通风、给排水、消防烟感喷淋、电器电讯、音响设备等各类管口的位置，通常平面图的作图比例为 1 ∶ 100 或 1 ∶ 50。

2. 界面材料与界面层次

界面材料与界面层次是施工图的主体，严格的剖面图会详细地绘制表现不同材料和材料与界面连接的构造，常用的施工图中立面图的比例为 1 ∶ 30，剖面图的比例为 1 ∶ 20 或 1 ∶ 10。

3. 细部尺寸与图案大样

细部尺寸多是不同界面转折和不同材料衔接过渡的构造表现，图案样式多是平面图、立面图中特定装饰图案的施工放样表现，自由曲线多的图案需要加注坐标网络，图案样式的施工放样图可根据实际情况决定相应的比例。

第三节　室内环境艺术设计的理论基础

一、功能性理论

功能性理论是主导室内环境艺术设计的重要理论基础之一，一切设计都需要建立在特定功能基础之上，同时设计也往往是为了让室内空间具有一定的附加功能。

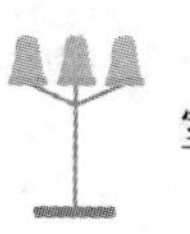

从本质上来说，功能是事物或方法所发挥出来的有益作用，是能够让主体感觉到满足的属性。功能包含两种类型，分别为物质功能与精神功能，这两种功能同样重要且不可替代。在此基础上，功能性理论得以产生，并对室内环境艺术设计的发展起到了奠基作用。

室内环境艺术设计必须满足人们基于室内的各种功能需求，包括居住、学习、工作等基本需求，也包括娱乐等更加丰富的功能需求，如果没有任何功能，那么即使再华丽的设计也失去了其存在的价值和意义。因此，功能性理论和室内环境艺术设计具有十分密切的联系，具体体现在以下方面：

第一，功能性理论强调空间布局的重要性，设计师需要根据使用者的需求和行为习惯，合理规划空间布局，使不同的区域能够相互衔接和转换，同时设计师也要注重空间的流线和通透性，让整个空间看起来更加宽敞。

第二，功能性理论将空间设计看作是实现预期功能的手段，设计师需要根据使用者需求和空间大小，进行合理的空间功能分区，增加空间的功能性和实用性。

第三，功能性理论强调使用者的需求和行为习惯，因此在材料和家具的选用上，设计师需要考虑使用者的需求。选用适合的材料和家具可以增加空间的实用性和舒适感，使空间更加符合使用者的需求。

第四，除了空间布局和功能分区外，功能性理论还强调灯光和空气质量的重要性。在室内环境艺术设计中，设计师需要考虑光线和空气的流通问题，选择适当的灯光和通风系统，以保证空间的舒适性和健康性。

二、分形理论

分形理论是现在比较活跃的新型理论，最早提出分形理论的是美籍数学家曼德布罗特（B.B.Mandelbort），曼德布罗特学识渊博，了解多门

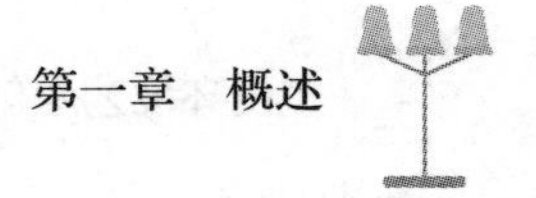

学科的知识，并且具有极强的探索精神。他十分擅长在不同事物和问题间寻找联系与共性，从而发现更多新奇的问题。分形理论的形成意味着数学研究对象的拓展，开拓了一个全新的研究领域。

分形理论是设计领域的重要理论基础，在分形理论的影响下，设计师在进行室内环境艺术设计时十分注重点、线、面的关系问题，从而在设计时加入更多的创意灵感，为奇思妙想的形状开辟新的设计领地。

第一，自然界中的许多物体都具有类似的结构和形态，而这种结构和形态往往是通过不断重复和缩放得到的。在室内环境艺术设计中，设计师可以运用类似的思想，将空间划分为不同的功能区域，并通过不同尺度和比例的重复和缩放，创造出一个既复杂又有规律的空间布局。

第二，自然界中许多物体具有的类似形态和结构往往体现了一种自相似性和自组织性。在室内环境艺术设计中，设计师可以选用具有类似结构和形态的材料和家具，以增强空间的自相似性和整体感。

第三，具有类似的结构和形态的物体往往具有一种美感和吸引力。在室内环境艺术设计中，设计师可以选用具有类似结构和形态的装饰品，以增强空间的美感和吸引力。

第四，在社会中和自然界中，许多物体都具有类似的结构和形态，这种结构和形态往往体现了一种自相似性和自组织性。在室内设计中，设计师可以运用类似的思想，设计出具有类似结构和形态的灯光系统，以增强空间的自相似性和整体感。

三、人体工程学理论

室内环境艺术设计与人体工程学理论紧密相连。“人体工程学是研究人、物、环境三大要素之间的关系，为解决该系统中人的效能、健康问题提供理论与方法的科学。过去，人们常把人和物、人和环境割裂开来孤立地对待，而人体工程学则把人、物、环境三者作为一个整体系统地进行研究，其成果有助于我们协调人、物、环境之间的关系，达到三者

的完美统一。”[①] 人体工程学对人体的生理结构与生活方式具有比较深入的研究，在设计中以人体工程学理论为基础，能够让居住者更加舒适，无论在室内做何种活动都能够得心应手、游刃有余。人体工程学是研究人与工作、生活环境之间的关系的学科。在室内环境艺术设计中，人体工程学理论被广泛应用，以创造出符合人体工程学原理的室内环境。

第一，在人体工程学理论的视角下，设计师需要考虑使用者的身高、体重、行走路线等因素，合理规划空间布局，以达到空间的最优化利用和人体的最大舒适度。

第二，家具要符合人体工学原理，例如：座椅和桌子的高度、角度、深度等，应符合使用者使用时的身体姿势，以提高使用者的舒适度。

第三，灯光的颜色、亮度、位置等因素会对人的视觉、心理和生理健康产生重要影响。在室内环境艺术设计中，设计师需要根据不同的空间需求和使用者需求，设计合理的灯光系统，让使用者感到舒适和放松。

第四，室内空气质量对使用者的身体健康和工作效率有着很大的影响。在室内环境艺术设计中，设计师需要合理规划通风系统和空气净化系统，以保证良好的空气质量。

四、环境心理学理论

环境心理学是重点研究人的心理与行为的学问，是从工程心理学或工效学发展而来的。环境心理学旨在深度探讨人与环境之间的关系。包括环境要素（空间、颜色、材料、照明、声音、温度等）对人类的感知、情感、行为和健康等方面的影响，可见，环境心理学所研究的内容涉及室内设计的各个方面。

环境心理学还是一门涉及多学科的交叉学科，它研究了人类与环境之间的相互作用关系，具有多重特点：跨学科性，指该学科包括心理学、建筑学、城市规划学、人类地理学、生态学等，需要用跨学科的视角和

① 侯淑君:《室内环境思维与方法研究》，吉林摄影出版社，2019，第 23 页。

方法，全面地理解和解决环境与人之间的问题。实证性，指该学科强调实证研究，它倡导使用科学的方法和技术来获取数据和信息，以验证假设和理论。可应用性，指环境心理学的研究结果可以应用于实际问题的解决，例如：改善公共场所的设计、提高建筑和城市规划的可持续性、提高人类生活质量等。因此，环境心理学需要关注实际应用，以帮助人们解决现实问题。

环境心理学对于室内环境艺术设计影响深刻，优秀的设计师能够巧妙运用环境心理学，以最优的环境来影响居住者的心理，使他们受到良好居住环境的感染，进而保持良好的心理状态。

具体来说，环境心理学理论对于室内环境艺术设计的影响体现在空间布局、色彩选择、照明设计、材料选择等多个方面，此处仅围绕以下几点简要论述：

关于空间布局，环境心理学研究表明，人们更喜欢宽敞、通透的空间，因此设计师进行室内环境艺术设计时，需要考虑空间的布局和结构，以创造一种舒适、自然的空间感受。

关于色彩选择，色彩是室内环境艺术设计的重要组成部分，环境心理学研究表明，不同的色彩可以引起人们的不同情绪和反应，例如：红色可以激发人的兴奋和热情，蓝色可以带来安静和放松的感觉。因此，在选择室内颜色时，需要考虑室内空间的用途和设计目的。

关于照明设计，照明是室内环境艺术设计的重要元素之一，它可以影响人们的视觉体验、心情和健康。环境心理学研究表明，光线的强度、颜色和方向都可以影响人们的情绪和行为。因此，室内照明设计需要考虑光线的类型、强度、颜色和方向等因素。

关于材料选择，环境心理学研究表明，不同的材料可以影响人们的情感和认知，例如：木材可以带来温馨和自然的感觉，而金属则可以带来现代和冷酷的感觉。因此，在室内环境艺术设计中选择合适的材料也是非常重要的。

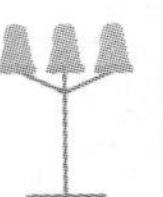

第四节　室内环境艺术创意设计

一、室内环境艺术创意设计的内涵

室内环境艺术创意设计是一种注重美感、实用性和创新性的设计，旨在创造出既具有艺术价值，又能满足使用者需求的室内空间。这种设计通常以美学、人性化、环保和实用性为设计理念，注重功能与美学的结合，追求美观和舒适的室内空间。

（一）室内环境艺术创意设计简介

在室内环境艺术创意设计中，设计师通常会结合使用者需求、空间布局、材料选用、光线运用等多种因素，创造出富有创意的设计方案。设计中可能会涉及墙面装饰、地面装饰、家具选用、灯光设计等多个方面，注重整体效果的协调与美观。

其中，墙面装饰方面，设计师可以运用壁画、贴画、壁纸、壁炉、悬挂艺术品等方式，营造出独特的视觉效果；地面装饰方面，设计师可以选用不同的地板材质、铺设方式和地毯、地垫等装饰物，创造出具有层次感和温馨感的室内空间；家具选用方面，设计师要注重选用美观实用的家具，以及注重家具的布局和搭配，使整个室内空间更加和谐舒适；灯光设计方面，设计师要注重运用不同的灯光色彩和亮度，创造出温馨舒适的氛围。

室内环境艺术创意设计是一种注重美感和实用性的设计，旨在创造出富有创意、美观、舒适的室内空间。设计师需要考虑使用者需求、空间布局、材料选用、光线运用等多种因素，注重整体效果的协调和美观。同时，设计师也需要注重设计的环保性和可持续性，创造出健康、环保的室内空间。

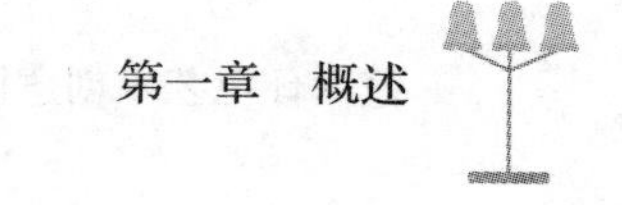

（二）室内环境艺术创意设计要素

室内环境艺术创意设计涵盖多个方面的内容，以下是其所包含的具体要素：

室内环境艺术创意设计要素（如图 1–1 所示）。

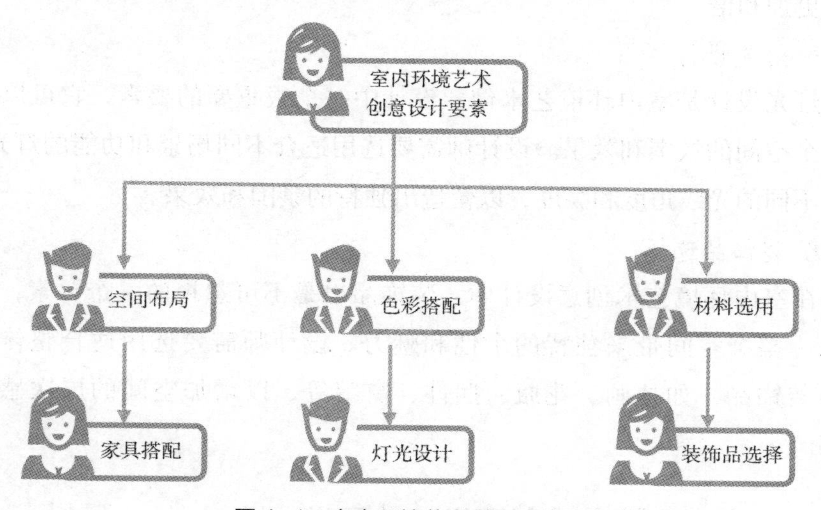

图 1–1　室内环境艺术创意设计要素

1. 空间布局

设计师需要根据使用者的需求和空间大小，合理规划空间布局，使得不同的区域能够相互衔接和转换，同时也要注重空间的流线和通透性，让整个空间看起来更加宽敞明亮。

2. 色彩搭配

色彩是室内环境艺术创意设计中一个重要的设计要素，设计师需要运用色彩理论和心理学知识，选用合适的色彩搭配，以达到美观和舒适的效果。在颜色选择方面，可以考虑暖色系、冷色系、中性色系等不同的色系搭配。

3. 材料选用

室内环境艺术创意设计中的材料选用也非常重要，选用不同的材料可以给整个室内空间带来不同的效果和风格。设计师可以根据使用者的需求，选用相应的材料，打造独一无二的室内空间。

4. 家具搭配

家具搭配是室内环境艺术创意设计中重要的一环，设计师需要选用与整体风格相符合的家具，并注重家具的布局和搭配，使得整个空间看起来更加和谐。

5. 灯光设计

灯光设计是室内环境艺术创意设计中一个很重要的要素，它可以影响整个空间的氛围和效果。设计师需要选用适合不同场景和功能的灯光，运用不同的光线角度和亮度，以营造出独特的氛围和效果。

6. 装饰品选择

在室内环境艺术创意设计中，装饰品也是不可忽视的一个要素，它可以为整个空间带来独特的个性和魅力。设计师需要选用适合整体风格的装饰品，如挂画、花瓶、摆件、窗帘等，以增加空间的层次感和美感。

二、室内环境艺术创意设计的意义

（一）室内环境艺术创意设计有利于提升空间美感

室内环境艺术创意设计对于提升空间美感有着至关重要的作用。通过巧妙地运用色彩、材料、家具、灯光等元素，设计师可以打造出独具特色、具有艺术价值的室内环境，营造出温馨、舒适、优雅、时尚的氛围，使人们在其中得到身心的放松与享受。而这种美感不仅可以满足人们的审美需求，也可以促进人们的健康和心理平衡，提高生活的质量和幸福感。

室内环境艺术创意设计还可以通过创新、个性化的设计理念和手法，打破传统的空间限制，创造更多的空间可能性，满足人们对于多样化、个性化的生活需求，进一步提升空间美感。

总之，室内环境艺术创意设计对于提升空间美感有着重要的作用，

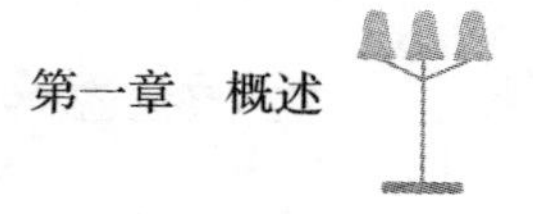

设计师应该根据人们的需求和喜好，运用合适的元素，创造出独特的、美观的、功能性强的室内环境，为人们带来更美好的生活体验。

（二）室内环境艺术创意设计有利于增加空间功能性

室内环境艺术创意设计需要设计者根据使用者的需求和空间大小进行合理的空间布局和功能分区，以实现空间的功能性和实用性的提升。

首先，合理的空间布局可以使空间更加通透，使人们在该空间中活动和休息时更加自如和舒适。例如：在客厅中，将沙发和茶几摆放在合适的位置，划分出不同的功能区域，如休闲区、娱乐区等，可以让人们拥有更好的使用体验。

其次，功能分区也是室内环境艺术创意设计的重要手段之一。通过将空间分为不同的功能区域，可以有效地满足人们的不同需求和活动，提高空间的使用价值。例如：在厨房中，可以划分出烹饪区、洗涤区和存储区，使厨房更加实用。

最后，根据空间大小进行合理的功能分区和空间布局也是室内环境艺术创意设计需要考虑的因素之一。对于较小的空间，可以通过合理的布局和利用储物空间等方式，最大限度地提高空间的利用率和使用价值。而对于较大的空间，可以划分不同的功能区域，从而让空间更加丰富和多样化，同时也能提高空间的使用率和灵活性。

（三）室内环境艺术创意设计有利于展示个性和风格

室内环境艺术创意设计可以通过不同的色彩、材料、家具等元素的运用，展现出设计师和使用者的个性和风格，使空间更加具有独特的魅力和吸引力。

首先，色彩是室内环境艺术创意设计中非常重要的元素之一。不同的色彩可以表达出不同的情感和氛围，因此，设计师可以根据空间的用途和主题选用不同的色彩，以展现出自己和使用者的个性和风格。例如：

在儿童房中可以使用明亮、鲜艳的色彩，营造出欢快、有趣的氛围；而在卧室中可以使用柔和、舒适的色彩，创造出浪漫、温馨的氛围。

其次，材料和家具的选择也是室内环境艺术创意设计中至关重要的环节。不同的材料和家具可以反映出设计师和使用者的个性和风格，同时也可以对空间的整体氛围和质感产生影响。例如：在现代简约风格的室内环境艺术创意设计中，可以使用大面积的玻璃、金属、石材等材料，配合简约而不失质感的家具，营造出干净、简洁、现代的空间感；而在传统古典风格的室内环境艺术创意设计中，可以选用优雅、精致的家具，搭配细致的雕刻和花纹，创造出高贵、典雅的空间氛围。

最后，室内环境艺术创意设计的个性和风格也可以通过艺术品和装饰品的选择和搭配来体现。不同的艺术品和装饰品可以展现出设计师和使用者的个性和品位，同时也可以为空间增添独特的魅力和吸引力。例如：在现代风格的室内设计中，可以选用简约、抽象的艺术品和装饰品，以强调空间的现代感和时尚感；而在传统风格的室内设计中，可以选用具有浓厚文化氛围的艺术品和装饰品，以体现出空间的传统韵味和历史积淀。

（三）室内环境艺术创意设计有利于增强品牌形象

在商业建筑中，室内环境艺术创意设计可以通过合理的空间布局和品牌色彩的运用，提升品牌形象和品牌价值，吸引更多的顾客和客户。

首先，合理的空间布局可以为商业场所的顾客提供更加舒适、流畅的购物和服务体验。设计师在商业场所的室内环境艺术创意设计中需要考虑顾客的流动路线和购物需求，合理规划出商品展示、交互体验、休息区域等不同功能的区域，让空间得到更合理的利用。例如：超市的室内环境艺术创意设计可以通过设置商品分类、导购指示等手段，为顾客提供更加便捷的购物体验。

其次，品牌色彩的运用是商业场所室内环境艺术创意设计中非常重要的元素之一。合理的品牌色彩运用可以强化品牌形象和品牌价值，让

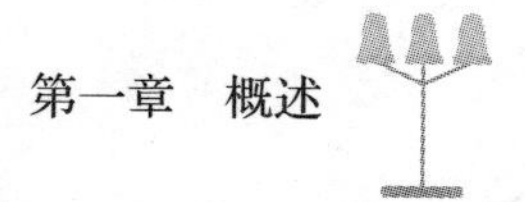

顾客在空间中更容易地识别品牌，提高品牌的认知度和美誉度。例如：在餐厅的室内设计中，可以通过合理的品牌色彩搭配，来突出品牌的形象和特色，增强品牌的吸引力和竞争力。

最后，商业场所的室内环境艺术创意设计还需要考虑顾客的实际体验感。合适的灯光、音乐等元素的运用，可以为顾客带来愉悦的购物和服务体验，提高顾客的满意度和忠诚度。例如：在购物中心的室内环境艺术创意设计中，可以运用灯光、音乐等元素来营造独特的氛围，让顾客在其中享受到独特的购物体验。

（四）室内环境艺术创意设计有利于提高生产力和幸福感

室内环境艺术创意设计可以提高人们的生产力和幸福感。美观、舒适的室内环境可以带来更好的工作和生活体验，提高人们的工作效率和生活质量。

首先，美观、舒适的室内环境可以为人们提供更好的工作和生活氛围。室内设计中的色彩、材料、灯光等元素的合理运用可以营造出舒适、和谐、安逸的环境，使人们的工作和生活更加舒适和自在。这些元素的运用也可以激发人们的创造力和灵感，提高人们对工作和生活的兴趣。

其次，美观、舒适的室内环境可以提高人们的工作效率和生活质量。人们在一个舒适、美观的环境中可以更好地放松身心，减轻压力，从而更加专注和高效地完成工作。同时，这种环境也可以提升人们的精神状态，促进心理健康，提高人们对生活的幸福感和满意度。

最后，室内环境艺术创意设计还可以通过人性化的设计和功能性的布局，提高人们的生活品质。例如在办公室的室内环境艺术创意设计中，可以利用人体工程学的原理，设计出符合人体工程学的家具，减轻人们长时间坐立所带来的身体不适；在家庭的室内环境艺术创意设计中，可以考虑人们的生活习惯和需要，设计出满足人们日常需求的功能性区域。

第二章　室内环境艺术设计的风格流派概述

第一节　中国传统风格

一、中国传统风格简介

中国传统风格是以传统文化元素作为本质内核所进行的室内设计，该种风格融入了丰富的中国传统文化元素，在多样的室内设计风格中占有一席之地，与西方设计风格形成强烈反差，凸显出了中国传统文化的意境美。中国传统风格在不同的时代与不同区域具有不同的特点，如今已发展演变成多种类型，成为一种体系化的风格流派。“中国传统风格的建筑以木建筑为主，主要采用梁柱式结构和穿斗式结构，充分发挥木材的性能，构造科学，构件规格化程度高，并注重对构件的艺术加工。中国传统风格的建筑与室内设计还注重与周围环境的和谐、统一，室内布局匀称、均衡，井然有序。”[①] “中国传统建筑的室内装饰，从结构到装饰图案均表现出端庄的气度和儒雅的风采，家具、字画和陈设的摆放多采

① 周延:《室内设计风格样式与专题实践》，中国书籍出版社，2018，第38页。

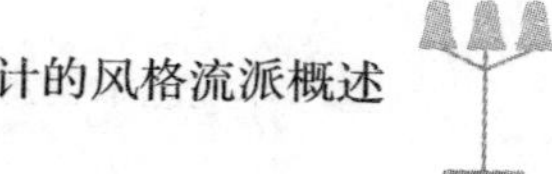

用对称的形式和均衡的手法，这种格局是中国传统礼教精神的直接反映。中国传统室内设计常常巧妙地使用隐喻和借景的手法，努力创造一种安宁、和谐、含蓄而清雅的意境。这种室内设计的特点也是中国传统文化、东方哲学和生活修养的集中体现，是现代室内设计可以借鉴的宝贵精神遗产。”[①]

经过漫长的岁月，无论时空如何变幻，生活方式如何更改，中国建筑始终秉持以“人”为中心这一根本性原则。明清时期，我国传统室内设计风格基本形成。在快节奏的现代化社会，人们的生活方式相比于古时已经有了翻天覆地的变化，人们的生活更加便捷与高效，但也带来了一些负面影响，如传统文化元素被“侵蚀”，西方元素渗透严重等。这导致我国传统风格的室内设计受到一定程度的抑制。在文化强国的背景下，应提高中国传统风格室内设计的地位，以恢复其往日的“辉煌”。

二、中国传统风格的理论基石

中国传统风格室内设计受传统文化的影响颇深，其中最主要的便是传统思想文化的影响。自古以来我国就是以儒家思想为中心的“儒释道”三合一式的文化体系，这一文化体系所体现出的思想内涵也在很大程度上影响着室内设计的发展。

中国传统风格的理论基石（如图 2–1 所示）。

① 周延：《室内设计风格样式与专题实践》，中国书籍出版社，2018，第 38 页。

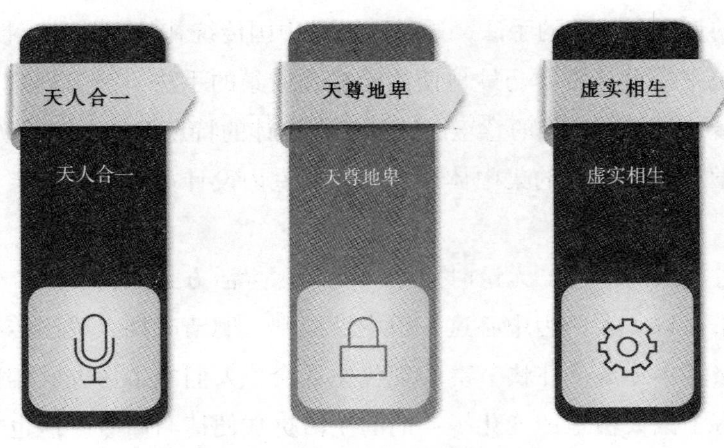

图 2-1　中国传统风格的理论基石

（一）天人合一

天人合一思想是中国传统思想的“精髓”，在我国历史上，以儒释道为主的多门学派对此均有所阐述。古老的《易经》有“三才”之说，即天、地、人并称为“三才”，“三才”之间联系紧密，既各自独立又相互影响，缺一不可。道家典籍《庄子》对天人关系有着十分精妙的解读，如“天地者，万物之父母也”，这说明了天地与万物之间具有一定关系。据此，庄子还曾于《齐物论》中做出更加精辟的论述，即“天地与我并生，万物与我齐一”，将天地万物看作一体，这种极其洒脱自然的豁达境界使得古代天人合一思想上升到新的高度。

在儒家思想中尤以西汉时期董仲舒的天人思想为甚，董仲舒认为天人之间存在密切联系，其思想体系也被称为“天人感应论”，强调万事万物都是上天对于人类行为的感应与反馈，同时人也可以通过自己的努力来影响上天，改变上天对待自己的态度与观念，由此可见，董仲舒将上天看成具有独立意志的神，具有很强的客观唯心主义的特点。之后的儒家学者对于天人合一思想多有发挥，尤其到宋明理学之际，宋明理学开创传统儒家天人思想新的高峰。例如：程颢的“天人本无二，不必有合”

陆九渊的“宇宙便是吾心，吾心便是宇宙”等都为天人思想赋予了新的内涵。

天人合一思想对中国传统审美观产生了较深影响。从中国传统风格的设计审美观念来看，其审美观念往往从天人合一出发，追求审美中的“物我相通”，强调寓情于景、情景交融。设计师习惯于在自然世界中寻找灵感，将精神融入自然，并提炼自然环境中的各种形态作为自己的设计创作元素。因此，我国的室内设计也有十分浓厚的天人合一思想痕迹。例如：在家具方面，我国家具自古就与西方不同，且这种差异性十分明显，中国设计师在家具设计方面主要强调的是人与家具的协调统一。中式家具的风格一直都是清新、自然、朴实的，讲究不加过度的修饰与雕琢，以自然天成的“面貌”呈现在人们的面前。历史上许多优秀的工匠也常常因材取形、因材致用，将这种天人合一的思想应用于家具设计之中。在材料方面，传统室内设计常采用天然材料，更好地展现传统设计的自然与简洁。如今，有些设计师创造性地将传统材料与新型工艺进行结合，呈现出融合性的设计效果，既体现了尊重自然的理念，又具有一定的创新性。在色彩方面，受天人合一思想影响，传统设计风格强调回归自然本色，充分体现绿色设计理念。

（二）天尊地卑

天尊地卑是我国传统思想的重要组成部分，是东方传统思想体系的重要源头。“天尊地卑”四字出自《易传 · 系辞上》，是古人描述天地自然的秩序，并以此秩序来说明君子德与业的关系的思想体系。汉代以后，封建君主地位得到加强。天尊地卑被学者曲解成社会地位的不可逾越，以取悦君王。该思想体系的形成解决了天地的主从关系，同时也保证了封建统治阶级地位的稳固性与合理性。天尊地卑思想认为，天为尊地为卑，男为尊女为卑，这种观念对我国产生了数千年影响。在传统风格室内设计中，天尊地卑的思想也有深刻的体现。自从宋代李诫在其所著的建筑学书籍《营造法式》中将殿堂与厅堂的结构明确区分开来后，清代工部颁布的《工程做法则例》中也将大式、小式进行等级的细致划分。古代的室内设计，在内部的构件方面，设计师要求梁柱、斗拱、檐椽等具有不同的品级限定。在色彩方面，以黄色为尊，之后依次为赤绿青蓝黑灰，普通人的住宅只能用黑灰白色调。在彩画方面，也有和玺彩画、旋子彩画、苏式彩画的区别。如今，传统室内设计已经革除了等级限制等封建因素，不过其中设计的艺术性与审美性依然留存下来，现在的许多室内设计依然借鉴了古时以“天”“地”为核心的设计理念，具有浓郁的国风色彩。

（三）虚实相生

虚实相生是中国传统艺术精神之一。虚实观念最早源于道家老子的哲学思想，在我国传统思想中具有深刻的含义。“道”是老子思想的核心与本质，是道家的至高范畴，正如老子所说“道，天地之始”。老子认为，天地的初始是“道”，“道”是作为世间万事万物的起点而存在的。“道”是宇宙的主体和核心，它包含一切，既包含“有”也包含“无”，“有”和“无”共同构成了一切有形或无形的物象或形体。无论是具有明确规定与形象的物质还是那些无形无象、缥缈存在的客体都属于“道”。在常规逻辑体系中，有无是对立的概念，但是在老子的辩证思想中，“有”和“无”既各自独立又相互依存，它们构成了“道”的双重属性，即有限与无限的统一，换言之，也就是“虚”与“实”的结合。只有“虚”与“实”相结合，世间万物才能存在且不断变动发展，久而久之，虚实相生的思想便在我国的传统思想中“生根”，并逐渐发展出注重和谐、统一、平衡的思想体系。“艺术的虚实概念与哲学上的虚实概念息息相关。一般来说，‘实’、‘实境’、‘实象’或‘真境’指可以捉摸或感触的、比较具体的形象；而‘虚’、‘虚境’、‘虚象’或‘神境’则是难以捉摸或感触的、比较虚幻的审美想象或自发表象，因而具有泛指性、多义性

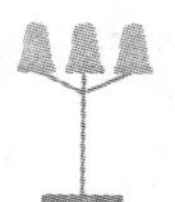

和不确定性，即‘言外之味，弦外之响’，十分丰富与活跃。如果说前者是一种直接艺术形象的话，后者则是一种间接艺术形象。虚实相生就是两者的结合，它使中国艺术区别于西方艺术（尤指西方传统艺术）。”[①] 在中国传统风格室内设计领域，虚实相生是重要的理论基础之一，许多设计师在设计工作中注重虚实的影响与转化，以此来增强设计效果。

三、中国传统风格的特点

中国传统风格室内设计的特点主要体现在以下几个方面：

（一）室内室外融汇一体

中国古代重和合、重统一，这就致使建筑内部设计与建筑外部构造具有一定的统一性与融合性。从整体环境上来分析，中国传统风格室内设计与室外环境互相融合，呈现出“内外一体”的状态。“例如，室内的厅、堂及店铺等直接面对广场、街道、天井或院落；内部空间与外部空间之间通常有一个过渡空间（如民居屋前的廊子便是一个可以避雨、防晒、小憩和从事某些家务劳动的过渡空间）；通过挑台、月台等把厅、堂等内部空间直接延伸至室外；通过借景，包括‘近借’与‘远借’，或将外部的奇花异石等引入室内；或是通过合适的观景点，将远山、村野纳入眼帘。”[②] 又如，室内设计模仿室外景观，设计完成后，室内室外好似一体，无论颜色还是氛围都相得益彰，实现室内外的完美融合。

（二）中轴对称结构严谨

“中庸”是我国传统思想的重要内容，在儒家思想中占据重要席位，同时也在其他学派的思想体系中有所体现。中庸思想在室内设计中主要体现为讲究对称。对称是一种形式美，给人以整洁、严谨的视觉感受，

① 李宽松、罗香萍主编《中国传统文化概论》，中山大学出版社,2018，第 204 页。
② 周延:《室内设计风格样式与专题实践》，中国书籍出版社，2018，第 39 页。

同时还能够突显建筑的崇高与威严。传统风格的室内设计除了要注重基本的左右对称之外，还要兼顾非同一空间的事物的对称，即整体性的对称，如不同的房间相对于客厅的对称性等。此外，对称也并非完全的一模一样，而是可以根据设计师的思路进行适当微调，以避免单调性。

（三）装饰陈设丰富多元

中国传统文化博大精深、包罗万象，古人十分热衷于各种“雅事”，文玩字画等物品极大地丰富了古人的精神世界，如今在室内设计领域，人们也喜欢将字画、古玩等物品放在设计环节，既彰显了中华悠久的文明历史，又展现出一种浓郁的诗情画意的氛围。例如：设计师可以在屋内根据室内主色调放置装饰品，包括盆景、瓷器、古玩等。此外，在传统风格室内设计中，可以巧妙运用象征的装饰手法。自古以来，我国文人雅士十分注重意境，为自然中的各种事物赋予了浓厚的特定象征意义，比较常见的有金玉（鱼）满堂、富贵（桂）平（瓶）安、连（莲）年有余（鱼）、喜（鹊）上眉（梅）梢等。还有用形象表示延伸的而并非形象本身的意义，包括用翠竹寓意“有气节”，用松、鹤寓意长寿，用牡丹寓意富贵等。这些象征式的装饰手法也是传统室内设计的重要特点之一。

第二节　新中式风格

一、新中式风格简介

“中国作为世界四大文明古国之一，有着悠久的历史传统和深厚的文化底蕴。在室内设计的领域，中式风格往往体现出深邃的内涵，是文化与自然风景的沁入式融合。传统中式风格往往以宫廷风为代表，气势恢宏、磅礴大气、壮丽华贵都是中式风格的衍生词，高空间、大进深，造

型讲究对称，色彩讲究对比，图案多以吉兽、花鸟为代表。这也决定了中式风格的高造价，设计市场拓展面较窄，部分元素往往作为装饰点缀使用。”[①] 新中式与传统设计风格不同，虽然同属于中国式的设计形式，但是新中式是在中国传统风格基础上所进行的现代化演绎，是对中国传统室内设计艺术的现代发挥，对室内环境艺术设计进行创新研究永远绕不开新中式风格这一话题。具体来讲，传统中式风格造型尤其注重对称，现代气息不够浓郁，更加在意的是壮丽、华贵、庄严、尊贵；而新中式风格注重的是古典与现代的碰撞、融合，强调的是清雅含蓄，整体的氛围更加轻快、活泼。新中式风格提取传统元素，进行合理的创意性搭配与布局，在设计中既有中式传统韵味，又符合现代人的生活特点，实现古典与现代的完美结合。简单来说，新中式风格就是在传统中式风格的基础上，加入了丰富的现代元素，使得室内环境更具现代性，从而更加适应当代年轻人的审美理念。

新中式风格诞生于中国传统文化复兴的新时期，随着我国经济水平快速提升，人们思维观念逐渐丰富，越来越多的人开始意识到设计事业对于消费市场发展的重要意义，新一代的设计师群体开始着眼于新中式风格的研究。新中式风格着重强调中式元素与现代材质的巧妙结合，要求在符合现代人审美需求的基础上尽可能丰富室内设计的传统韵味，其设计理念与设计手法沿袭了传统家居设计的习惯，提炼其中经典元素并加以丰富，让室内设计对象更加简洁和清秀，打破了传统中式设计的沉闷感，赋予其更多的轻松感。“简单来说，新中式风格就是在原先的古典中式风格的基础上，再融以新元素，合成一个浑然一体的新风格。”[②]

新中式风格是指将现代材料与中式元素结合后所呈现出的布局风格，其不仅能承接以往家居设计理念的精髓并完成提炼与丰富，从而实现移步变景，而且能改变传统的空间布局。

---

① 陈术渊、吴静、陈祖泽主编《室内陈设设计》，江苏大学出版社，2019，第 73 页。
② 同上书，第 75 页。

二、新中式风格的主要元素

新中式风格将古典设计元素融入其中，又加入丰富的现代色彩，让人们获得更加强烈的审美感受，既具有一定的古朴气息，还具有丰富的时尚特点，可谓“古今交融”，实现了传统与摩登的碰撞，让传统室内设计元素具有简练、大气、时尚、前卫的特点，具有丰富的文化韵味。新中式风格的主要元素包括以下内容：

新中式风格的主要元素（如图 2–2 所示）。

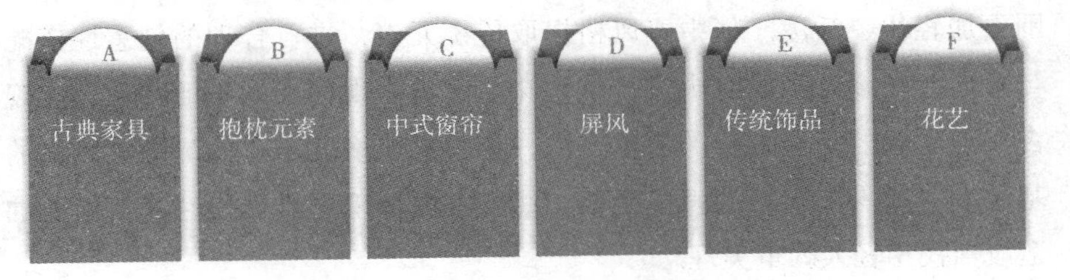

图 2–2　新中式风格的主要元素

（一）古典家具

新中式风格的家具主要为古典家具，或者体现为古典家具与现代家居的结合。古典家具多为明清家具，明清家具线条简练，具有典雅、实用的功能，同时具有丰厚的传统文化底蕴。其中，明代家具的选材多为硬木，以黄花梨、紫檀木最为常见，结构采用小结构拼接，使用榫卯，造型上注重功能的合理性与多样性，既要符合人的生理特点，又富贵典雅。清代家具与明代家具有所不同，清代家具稍显烦琐，要求具有尊贵、庄重、典雅的特性，以装饰见长。新中式风格家具有时还会在明清家具基础之上加入丰富的陶瓷鼓凳装饰，能够为室内设计起到“画龙点睛”的作用。

（二）抱枕元素

抱枕是生活中常见的装饰用品，同时具有很强的实用性，能够为人

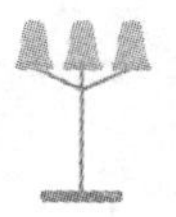

们的日常起居增加较强的舒适性。随着我国社会不断发展，人们生活水平不断提高，抱枕等一系列提高人们居住舒适性的物品逐渐受到大众欢迎，成为家居装饰必不可少的小物件。新中式风格除了具有大量传统元素之外，也常常以抱枕作为点缀，以“冲淡”过于古朴的质感，通过对抱枕颜色的巧妙搭配，能够在凸显中式韵味的同时，为室内设计带来丰富的活泼元素。例如：许多设计师擅于将以花鸟、窗格等元素为图案的抱枕设计于其中。

（三）中式窗帘

新中式风格的窗帘常常采用对称设计，帘头的设计一般比较简约，运用拼接方法或特殊剪裁的形式制作而成。在窗帘的材质选择上，设计师经常运用仿丝材质，这样既能够拥有真丝的质感和垂坠感，还能够用金色和银色来增加时尚的气息。

（四）屏风

新中式风格注重屏风的运用。屏风，最初是我国传统建筑物内部挡风所用的物品，随着时代发展，屏风逐渐被赋予了越来越丰富的文化内涵。当前，屏风的功能越来越丰富，除了内部挡风外，还能够与屋内的其他装饰物品巧妙搭配，例如：屏风可以和古典家具交相呼应，营造出和谐而宁静的美感。屏风在新中式风格中的运用，可以营造室内设计的传统氛围，同时还可以弥补部分房屋室内空间过于空旷的不足，使得室内布局更加严谨。

（五）传统饰品

新中式风格还要搭配比较丰富的传统饰品，以凸显传统元素独有的神韵，增加室内的文化气息。在我国发展历史中，各种文玩、饰物层出不穷，比较常见的有鸟笼、根雕等饰品。在室内设计中运用鸟笼、根雕

等饰品，会给人们带来融入大自然的感觉，营造出浓郁的古典气息。

（六）花艺

新中式风格还有丰富的花艺设计，体现出尊重自然、顺应自然，与自然和谐相处的传统自然观念。我国的传统自然观受传统思想文化的影响颇深，道家学派强调清静无为、顺应自然；儒家学派反对过犹不及，主张将上天与人事紧密联系起来，要求节制，等等。受此影响，新中式风格的自然观念也讲求顺应与融合，讲究室内设计与自然环境和谐统一。因此，在花艺设计方面，可以选择品类丰富的植物加以点缀，包括松、竹、梅、菊、柳、牡丹、桂花、芭蕉、迎春、菖蒲等，从而打造出别有一番韵味的传统文化环境。

三、新中式风格的特点

新中式风格具有其他风格所不具备的特点，主要体现在结构、选材、实用性等方面。

（一）结构对称性较强

新中式风格室内设计讲究对称式格局，虽然不会明确划分各大功能区，但是最终呈现的效果与整体的装饰格调基本保持一致。例如：在客厅与餐厅的过渡区域，设计师会采用同种材质与色彩的地板铺设地面，确保空间的流畅，需要隔开的区域，设计师会使用陈设品来进行划分，这样不会给人带来生硬之感，也能保证整体空间统一协调；在房间整体布局上，无论是哪一间屋子，都有一定的对称性体现，或左右对称，或上下呼应，总之，对称性是新中式风格无法绕开的重要话题之一。

（二）造型实用性较强

新中式风格承袭了传统中式风格的部分特点，即注重意蕴美，同时，

新中式风格又与传统风格存在明显不同。新中式风格在保留大气磅礴、尊贵庄重等特点的同时，要求兼顾室内设计的实用性。这是因为传统的中式设计风格造价较高，现代人想兼顾设计风格的美观性与实用性，因而新中式风格被“委以重任”。

（三）空间层次性较强

新中式风格讲究层次性，“根据住宅大小和私密程度的不同而分隔出不同的功能性空间，一般采用隔断或博古架加以区分。在私密程度高的地方则需要使用中式的屏风或窗棂，通过这种分隔方法可以把新中式住宅的层次美展现出来，同时增添一些简约的中式元素造型，如篆书、中式窗棂、方格造型等，使整体空间感觉更加丰富，大而不空，厚而不重，庄重而不显压抑。”①

（四）家具配饰混合性较强

新中式风格的家具与配饰具有一定的混合性。这是因为新中式风格具备传统中式风格的部分特点，包括古朴庄重的家具和传统的配饰等，同时，新中式风格有许多体现时代性的新奇设计，例如：具有西方元素的设计和信息时代的智能设计等。这样看来，新中式风格是具有一定的混合性的，它将传统风格与现代风格巧妙结合，同时还兼具人性化的设计特点，满足了不同人群的生活需求。例如：新中式风格设计将曾经的画案作为餐桌，将条案设计成电视柜，并且与智能设备结合，实现了家居产品的多用途化。

此外，关于新中式风格还有一些注意事项需要说明。第一，新中式装修并不是传统文化的复古装修，而是在现代的装修风格中融入古典元素。它不是“1+1=2”的简单堆砌，而是设计师根据经验、驾驭设计元

① 刘治保：《传统居民文化影响下的现代居住设计》，辽宁大学出版社，2017，第238页。

素的能力以及对所面对的业主的深度分析后得出的一套量身定制的方案。第二，对空间色彩进行通盘考虑。中式家具和饰品或颜色较深，或非常艳丽，设计师在安排它们时需要对空间的整体色彩进行通盘考虑。第三，摆放传统物品莫“张冠李戴”。要结合物品的实际效用与室内的实际情况进行设计，不能对他人的设计成果照搬照抄，否则可能会由于不符合实际情况，而导致不具备应有的功用。

第三节　西洋传统风格

一、西洋传统风格简介

西洋传统风格是以古希腊和古罗马为代表的装饰文化，是西方文化的主要源头之一，这一时期的艺术风格主要体现在神殿建筑上。

西洋传统风格起源于欧洲古希腊和古罗马时期的建筑和艺术。这些古代文明的建筑和艺术影响了中世纪欧洲的建筑和艺术，并且对文艺复兴时期的艺术和建筑产生了深远的影响。在文艺复兴时期，人们开始回归古典文化，重视对称、比例和精细的细节，这些特点也成为西洋传统风格的基本特点。

在 18 世纪和 19 世纪，欧洲的贵族和富人们开始在他们的住宅中采用这种风格，这也促进了西洋传统风格的发展。这种风格在 18 世纪的英国、法国和意大利得到了广泛的应用，并且在 19 世纪传播到了美国和加拿大等地。

西洋传统风格的意义不仅仅在于它的美学价值，还体现了历史、文化和社会的意义。在欧洲历史上，西洋传统风格代表了贵族和富人的生活方式，也代表了欧洲文化和艺术的发展。在现代，西洋传统风格代表了一种追求高质量生活的态度，也代表了对历史和传统的尊重。总之，西洋传统风格既是一种重要的装修风格，又是特定时代背景下的历史与文化的彰显。

二、西洋传统风格的类别

随着时代发展，西洋传统风格也在不断完善，并发展出多种多样的风格流派，极大地丰富了室内设计。其发展出的风格流派主要包括哥特式室内装饰风格、欧洲文艺复兴室内装饰风格、巴洛克室内装饰风格、洛可可室内装饰风格、新古典主义室内装饰风格、维多利亚时期室内装饰风格等。

（一）哥特式室内装饰风格

哥特式建筑风格的基本特点为空灵、高耸、纤细、尖峭，是尖拱技术的结晶。从外观来看，哥特式建筑均能给人以高而直的视觉效果。最具代表性的哥特式建筑为哥特式教堂，教堂平面一般是拉丁十字形，中厅窄、长、高，当阳光透过窗棂照射殿堂内部，整个教堂的内部空间则仿佛被一层薄纱笼罩，具有十分圣洁的氛围感。例如：法国的巴黎圣母院、意大利的米兰大教堂、德国的科隆大教堂都是哥特式建筑的典范。

（二）欧洲文艺复兴室内装饰风格

文艺复兴建筑风格是欧洲建筑发展史上继哥特式建筑风格之后所出现的一种建筑风格。文艺复兴大致产生于公元 14 世纪至 16 世纪的西方社会，新兴资产阶级队伍愈发壮大，新兴思想在社会中愈发浓郁，文艺复兴于各领域、各行业都呈现出十分迅猛的发展势头，在建筑与设计领域也不例外，文艺复兴时期的建筑最明显的特征便是继承了中世纪时期的哥特式建筑风格，在宗教与世俗建筑上重新采用古希腊、古罗马时期的构图要素，在具有一定的复古性的同时，也具备一定的超越性，对古希腊、古罗马时期的建筑风格进行了一定的丰富与发展。此时的建筑学家常常使用古典柱式，在室内装饰中经常采用人体雕塑、大型壁画和线性图案锻铁饰件。

（三）巴洛克室内装饰风格

巴洛克建筑风格的主要特点是绚丽、新奇、富丽堂皇，具有很强的世俗性甚至炫耀性。巴洛克建筑风格追求鲜明的色彩，以及各种元素的融合，从而产生特殊的效果。例如：不受固有规则和逻辑的限制，采用非理性组合，从而产生新奇的效果，等等。巴洛克建筑风格的代表人物为波洛米尼，他所设计的圣卡罗教堂堪称巴洛克建筑典范。

（四）洛可可室内装饰风格

洛可可室内装饰风格是在反对法国古典主义艺术注重的逻辑性、理性等内容的前提下所出现的新型风格，洛可可风格注重柔媚、顺和，推崇曲线、圆形，要求以此打造出一种柔和的感觉，要尽可能地避免尖锐的方形或尖角。同时，在室内装饰的题材上，设计师常常使用各种各样的草叶、蚌壳或棕榈，墙面也不再出现古典元素，而是换成镶板和玻璃镜面等。可见，洛可可装饰风格具有一定的现代性，推崇光洁靓丽的元素。

（五）新古典主义室内装饰风格

新古典主义产生于18世纪中叶至19世纪前期，这时的西方社会处于风云变幻之际，革命风暴此起彼伏，社会变革十分剧烈，这在一定程度影响了建筑设计领域。室内设计领域的设计师们反对巴洛克风格的复杂、奢华、标新立异，而是主张将目光回溯至17世纪的古典风格，强调规律性的艺术表现，推崇思考的秩序性与明晰性，同时格外注重精神的尊严、宁静，以及结构的单一、均衡。

新古典主义装饰风格采用扇形、叶板、玫瑰花饰、狮身人面像等元素，还将家具、石雕等带进了室内陈设和装饰之中。运用金色、象牙白等古典常用色来渲染空间氛围，营造出富丽堂皇的效果。材质方面，则广泛采用大理石材料，从而使整个空间给人以开放、宽容的非凡气度。

（六）维多利亚时期室内装饰风格

维多利亚风格为西方设计发展史上的重要转折点，具有承上启下的意义。因该种装饰风格产生于维多利亚在位时期而得名。维多利亚时代社会动荡，经济、政治、宗教等领域问题丛生，但这样急剧变动的时期反而激发了英国新兴资产阶级贵族的探索精神，许多资产阶级开始利用烦琐华贵的设计来炫耀自己的财富，于是维多利亚风格逐渐形成。简单来说，维多利亚室内装饰风格的特征体现为以下几点：第一，造型庞大、饱满，装潢不拘一格、种类多样；第二，使用多种全新的工艺技术，实现了家具、工艺品的创新发展；第三，装潢中的图案常以写实风格出现，包括飞禽走兽等。总体来看，维多利亚装饰风格为室内设计创造了一个新的标准样式，玄关、客厅、厨房、餐厅等装饰样式十分奢华，多重风格的叠加与融合造就了别样的景象。

三、西洋传统风格的特点

西洋传统风格具有多重特点，如下所述。

西洋传统风格的特点（如图 2–3 所示）。

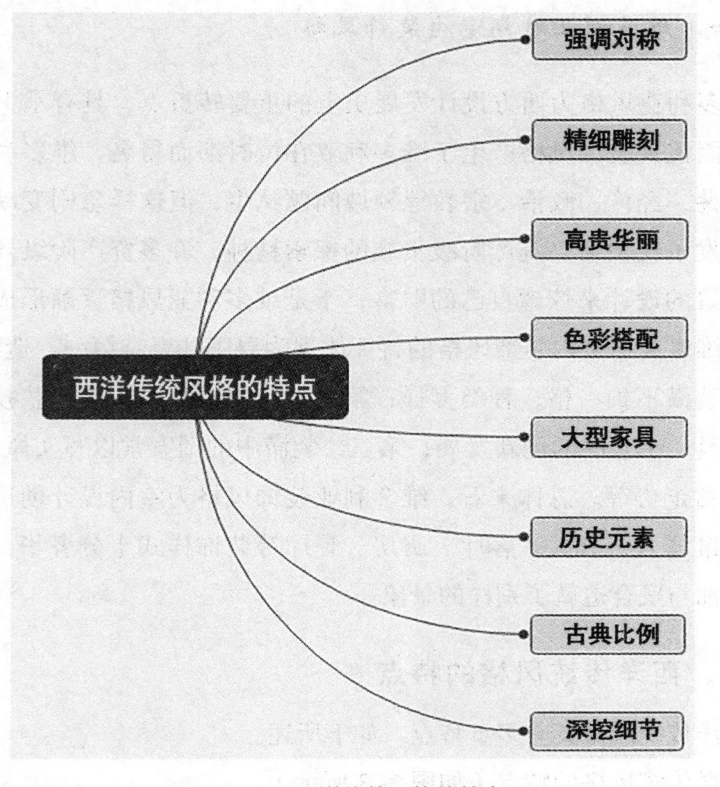

图 2-3 西洋传统风格的特点

（一）强调对称

西洋传统风格在建筑和室内设计上强调对称性和平衡感，常常通过相同形状和大小的元素来达到对称效果。例如：建筑物的门、窗、墙壁等元素都是对称的，室内家具也通常是对称布置。

（二）精细雕刻

西洋传统风格在装饰方面非常注重细节和精雕细琢，常常将花卉、叶子、人物、动物等元素作为雕刻或绘画对象。这些装饰通常被用在建筑物的立面、门窗、屋顶、内部壁饰、家具等方面，为整个设计增添了

高贵、华丽的气息。

（三）高贵华丽

西洋传统风格追求高贵、华丽的效果，这些效果常常通过使用大理石、黄铜、金属、水晶等贵重材料来表现。这些贵重材料通常被用于建筑物、家具、灯具等方面，为设计增加了高贵的气息。此外，设计师在进行西洋传统风格的室内设计时，也经常使用绒毛、丝绸等高质量的面料来装饰家具或窗帘，以提升设计的品质感。

（四）色彩搭配

西洋传统风格的室内设计常常运用大胆的色彩搭配来增强设计效果，通常采用红、蓝、绿、紫等明亮的颜色。这些颜色可以用于突出主题或装饰细节，例如：在室内设计中，设计师可以使用深蓝色的墙壁和红色的家具来表现高贵、华丽的氛围。

（五）大型家具

西洋传统风格的家具通常是大型的，并且具有复杂的细节和华丽的装饰。家具通常是由实木或贵重材料制成的，并且被涂上亮丽的颜色或镀上金属。这些家具通常用于宽敞的房间或大型别墅中，以增强整体设计的高贵感。

（六）历史元素

西洋传统风格的设计元素在欧洲历史上有着悠久的文化背景。例如：巴洛克风格、古典主义风格、文艺复兴风格等，这些风格都在西洋传统风格中有所体现。因此，西洋传统风格往往会通过历史元素来表现高贵、古老的氛围。

（七）古典比例

设计师在进行西洋传统风格的室内设计时还注重比例运用，常常通过比例和规模来强调建筑和家具的美感。例如：在建筑设计中，建筑师会根据古典比例来设计建筑物的高度、宽度和深度等，以达到美感和平衡感的完美结合。

（八）深挖细节

设计师在进行西洋传统风格的室内设计时也注重细节处理，例如：在家具和建筑装饰中常常使用饰边、勾花、圆弧、雕刻等细节处理手法。这些细节处理不仅为设计增加了华丽感和高贵感，同时也展现出工匠的技艺和精神。

总之，西洋传统风格的设计元素在欧洲历史上有着悠久的文化背景，设计师通过使用历史元素、大型装饰、古典比例和细节处理等手法，为设计增加了高贵、华丽和精美的氛围。

第四节　新古典风格

一、新古典风格简介

新古典风格，是经过改良的西洋古典主义风格，是以现代化的方式将古典主义加以改良，使之既具备欧洲传统元素的底蕴，同时还融入一定的现代化设计特点，从而呈现出的一种新的设计形式。“欧式新古典风格在室内软装设计领域的应用，将传统古典主义刻板、固定的色彩搭配塑造风格推翻了，使其能够与时下流行元素有机地结合在一起，并形成更加大胆的创意，使之呈现出多元化的现代装修风格。”① 新古典风格中

① 刘子蒸：《欧式新古典风格室内软装设计研究》，《现代交际》2017年第2期。

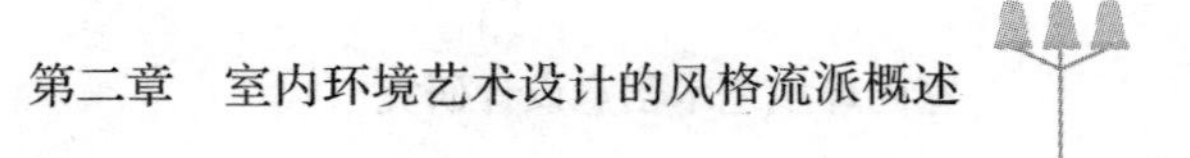

的各类设计元素相得益彰、融会贯通，在保留原有的优雅和谐的特点的同时，还符合现代人的审美特点。

设计师在进行新古典风格的室内设计时常常会用到人物雕塑、油画、蕾丝帷幔等众多具有欧式风格的装饰元素，既能够彰显出对古典浪漫情怀的追求，也能够给人一种舒适的视觉感受，让整个设计看起来华丽而富有内涵。

在图案与纹饰的选择方面，新古典风格更倾向于装饰的实用性，这与古典主义所追求的繁复精致的纹饰是不同的，新古典风格的室内设计更多的是用被简化处理之后的花草、藤蔓等元素来点缀，从而创设出一种自然而又淡雅的风格特征。

在颜色搭配方面，新古典风格摒弃了传统设计风格中的沉闷与奢华，不再大面积地使用暗红，更多的是利用象牙白、浅蓝、古铜等色彩来营造出一种清新的艺术氛围。

与此同时，为了凸显古典主义情怀，设计师在新古典风格室内设计的细节方面也常常会用到复古画框、雅致的水晶装饰、老式电话、富有欧洲宫廷气息的银质餐具等元素，从而打造出具有欧洲古典风格的怀旧氛围。

除此之外，设计师还格外重视新古典风格室内的绿化设计，将花篮、盆栽、藤蔓等装饰在室内，显得美观自然。

二、新古典风格的类别

根据室内装饰设计元素的差异性，新古典风格在漫长的发展历程中演变出了十分多样的种类，主要有欧式新古典、美式新古典、后现代主义新古典、装饰主义新古典等。新古典风格的类别（如图 2–4 所示）。

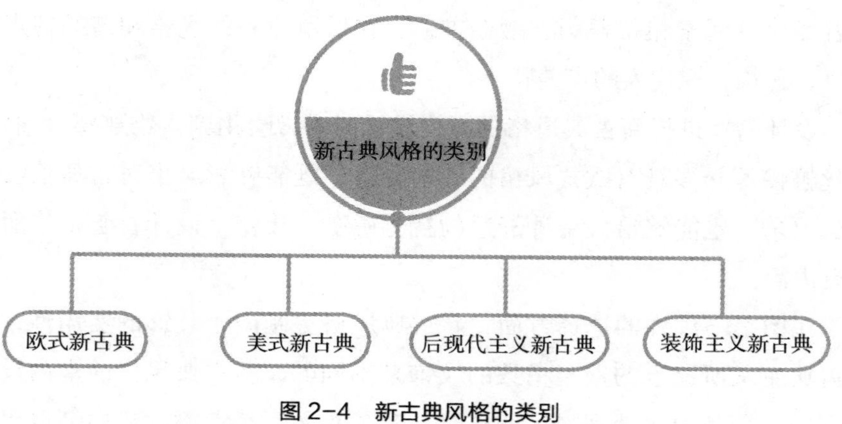

图 2-4　新古典风格的类别

（一）欧式新古典

欧式新古典是西方艺术现代变革的产物，在 18 世纪中后期实现了快速发展，至 19 世纪前期发展至繁荣阶段。新古典主义一方面强调复兴古代趣味，对于古希腊、古罗马的艺术风格有强烈的向往，另一方面却又十分反对贵族社会所提倡的巴洛克与洛可可艺术风格。欧式新古典最明显的特征便是装饰比较含蓄，同时要求为室内装饰物品加上丰富的软性装饰，从而为装饰物品赋予更多的雅致感，也提高其舒适性。

在空间装饰方面，设计师常常采用拱形垭口或罗马柱作为分隔，以给人庄严细腻的感受，通过与古典简约且具西式风情的饰品巧妙搭配，展现欧式新古典特有的端庄与大气。

在造型装饰方面，欧式新古典风格的室内设计强调通过线与线的交织实现层次感与立体感，细节线条常以弧线为主，从而拼接形成多样的图案，讲究手工精细的裁切、雕刻与镶工。

在色彩方面，欧式新古典风格的室内设计以白色、金色、黄色、暗红为主，在特殊情况下，也会糅合少量鲜艳的颜色，营造明亮、华丽的场景和氛围。

在材料方面，欧式新古典风格比较常见的装饰物有壁炉、罗马柱、

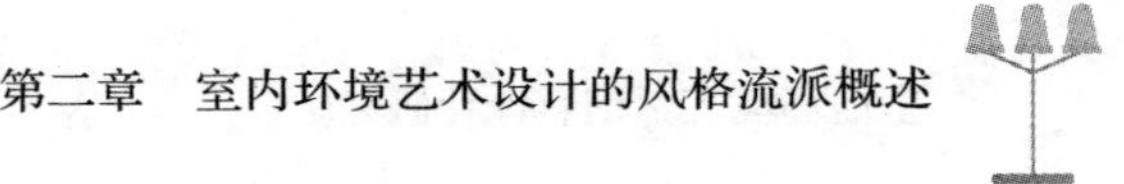

水晶灯、蜡烛台式吊灯、盾牌式壁灯、戴帽式台灯、米色大理石、欧式壁纸、地毯、实木地板、欧式仿古砖等。

在家居方面，设计师在进行欧式新古典风格的装修设计时，要求在运用欧洲古代家具的基础上，对其进行适当的创新与发展，从而呈现出集古典、简约、摩登于一体的“新面貌”。

（二）美式新古典

美式新古典是对欧式新古典的创新与发展，起源于17世纪。“它摒弃了巴洛克和洛可可风格所追求的新奇和浮华，建立在一种对古典的新的认识基础上，强调简洁、明晰的线条和优雅、得体有度的装饰。19世纪晚期美式新古典风格兴起，顾名思义即美式风格与新古典主义风格相互融合，形成了延续至今的美式新古典风格，其既简约大气，又集各地区精华于一身的独特风格，充分体现了简洁大方、轻松的特点，呈现出一种粗犷与大气、休闲与浪漫的特质，居住非常具有人性化特点。”① 值得注意的是，美式新古典风格与美国人崇尚实用便捷的生活主张一致，在快节奏的生活模式下，美国人要求一切从简。不过，部分优质的美式新古典风格装饰不以生活、居住为目的，而以艺术性作为主要追求，其装饰元素也会更加丰富。

在布局方面，美式新古典风格要求简洁明快，厨房敞开与客厅融为一体。

在色彩方面，美式新古典风格更追求色调的统一，无论是严谨的办公区域还是私人休息区域，大多选用一种色调，营造一种大气、开放的氛围感。

在材料方面，美式新古典风格的家居装修多使用胡桃木、枫木等材质的装饰品，为了凸显木质所自带的特点，贴面采用复杂的薄片处理，让纹理本身成为一种装饰，能够在不同的角度之下产生不同的光感，使

① 孔雪清：《软装家居饰品创意设计》，东南大学出版社，2015，第158页。

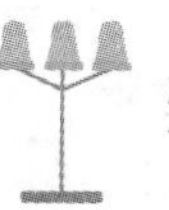

得美式古典风格比金光闪耀的欧式风格更加耐看。

在家具方面，美式新古典风格的家居材质多为桃花木、樱桃木、枫木、松木等，风格稍显粗犷的同时兼顾一定的古典韵味。

（三）后现代主义新古典

后现代主义，是20世纪60年代在西方社会所产生并逐渐发展起来的一种思潮，该主义在多个领域都有明显的渗透，包括哲学领域、艺术领域、文学领域等。在后现代主义思潮的影响下，室内设计领域发生了一定的变化，形成后现代主义新古典风格。后现代主义新古典风格强调建筑与室内装潢既要具有历史连续性，又要具有一定的非传统特征，以期实现复古与未来、传统与现代的融合。总之，后现代主义新古典风格是将古典与现代、传统与时尚等诸多元素融合起来的一种设计风格，由于包罗万象、元素丰富，该类设计风格也更加多元化，具体的表现也十分多变，可以为人们呈现出多种不同的组合搭配。

（四）装饰主义新古典

装饰主义新古典风格，起源于法国的装饰主义，是雕琢风格较重的，甚至使用贵重金属进行装饰的一种设计风格。装饰主义新古典风格在法国产生后风靡世界各地，在美国、英国甚至我国的上海等发达地区都取得较好的发展，堪称近现代最具代表性的室内装饰风格之一。到了20世纪70年代，装饰主义取得了又一次突破，更加受到群众的青睐。不过随着时代发展，传统的装饰主义黯然失色，新装饰主义应运而生，新装饰主义符合人们的需求，迎合了大众的审美转变。新装饰主义美学的重要特点便是混搭，它能够将许多不同元素、不同风格的内容融为一体，为室内装饰带来许多新的灵感与创意，更容易在不经意间实现风格的创意和转变，其中所蕴含的丰富内容甚至还会为人们带来不同程度的内心共鸣。

三、新古典风格的特点

新古典风格是高雅的代名词，在融合了多种元素与风格之后，呈现出多元的“面貌”。也正因为新古典风格不拘一格、包罗万象，糅合融入多种新奇的元素，所以其具备独有的特点。

（一）古今交汇的设计风格

新古典风格融合了古典与现代、传统与时尚等多种元素，在注重装饰效果的同时，能凸显设计的古典气质与现代气质，体现出十分浓郁的交融性特征。一方面，新古典风格以现代的设计手法和材质还原古典气质，为设计风格赋予了双重审美效果；另一方面，新古典风格具有以复古风格来反衬和凸显现代元素的创新特点，能实现复古与现代的完美融合。

（二）功能性与实用性的空间布局

新古典风格虽然十分注重氛围感与意境美，但是这并不意味其不注重功能性与实用性。功能性是新古典风格的主要特点之一。设计师往往会要求各个功能空间布局合理，满足使用者的不同需求；主张在形式上追求简洁与新颖的同时，适当运用古典元素加以丰富。此外，设计师对于饰品和材料的要求也很高：既要具有一定的品质感，还要充分满足使用者的需求，符合他们的生活习惯。厨房与餐厅的设计就是其中典型的案例，在新古典风格的视野下，厨房与餐厅都要满足其应有的功能，厨房的物品摆放必须顺手，餐厅的空间要宽敞，给使用者提供比较舒心的用餐环境，同时厨房与餐厅还要保持分隔和统一，既要各自独立，还要连接紧密，便于用餐过程中的一系列服务流程，例如：上菜、洗碗等。

（三）和谐典雅的色彩搭配

“色彩搭配呈现高雅和谐的格调，将雍容华贵和现代时尚相结合。”新古典风格常用的色彩有白色、金色、黄色、暗红色。白色明度最高，无色相，象征着明亮、干净、畅快、朴素、单纯、雅致与贞洁，在室内设计领域，白色是永远的流行主色调，可以与任何颜色搭配，给人以简洁舒适的感觉。金色和黄色带有金属质感和光泽，象征着高贵、典雅，为新古典风格增加了丰富的雍容质感。暗红色为室内设计增添了更多的高级感，让整体氛围更加的大气、典雅，而白色与暗红色的配合，又有效地降低了暗红色所带来的深沉与压抑，给人以更加舒适的情绪体验。

第五节　现代简约风格

一、现代简约风格简介

现代简约风格，是以简约为主的装修风格。简约主义源于20世纪初期的西方现代主义。西方现代主义源于包豪斯学派，包豪斯学派始创于1919年，创始人是瓦尔特·格罗佩斯(Walter Gropius)，包豪斯学派提倡功能第一的原则。

现代简约风格推崇简洁，设计师主张在简洁的理念与手法的双重影响下，保证设计的时尚感与前卫感。总之，简约不简单是该类风格所秉持的主要原则之一。现代简约的装修风格迎合了年轻人的喜爱，都市的忙碌生活，早已让身于其中的年轻人烦腻了花天酒地，灯红酒绿，他们更喜欢的是一个安静、祥和，看上去明亮宽敞的家，一个可以消除工作疲惫，忘却都市喧闹的家。“现代简约风格强调少即是多，舍弃不必要的装饰元素，将设计的元素、色彩、照明、原材料简化到最少的程度，追

求时尚和现代的简洁造型、愉悦色彩。”①

关于现代简约风格的内涵，本书主要从以下几方面进行分析：

第一，简约不是简单更不是单薄。简约是设计师经过深思熟虑后设计而成的艺术品所体现出来的一种风格，不是各种元素的简单“堆砌”“摆放”，而是在符合设计理念的前提下所进行的创造性发挥，任何一个成功的简约风格设计都凝聚着设计师的艺术匠心。

第二，简约不是单纯体现在装修上，在家居配饰等方面也有深刻的体现。最直接的一点，便是家居的选用要从实际出发。例如：简约风格杜绝繁杂冗余的家居配饰，要求在尽可能简约的前提下满足使用者的基本需求即可。假如房屋内部空间不大，那么根本没有任何必要购置过多占地较大的物品，而是要以节省空间和满足需求作为装饰的准则。

第三，简约风格需要从务实的角度出发，切忌盲目跟风而不考虑其他的因素。简约的背后也体现一种现代消费观，即注重生活品位、注重健康时尚、注重合理节约、科学消费。事实上，目前人们追求的很多装修风格是完全没有必要的，而且要得越多，带来的隐患也越多。例如：近几年的儿童患白血病以及其他因外部环境因素致病的案例时有发生，其中很多案例就与不合理、不科学的装修有关。所以，简约的装修风格不仅能体现家居空间的极简美感，对于人体的健康也有一定好处。

二、现代简约风格的主要元素

现代简约风格的室内装修外观十分简洁，便捷性强，功能完善，强调突出室内装饰物品的功能性。在简约设计理念的影响下，室内元素的摆放与设计呈现出以下效果：

（一）家具

现代简约风格的家具一般线条十分简单，无论是沙发、床还是桌子、

① 赵梦、刘雯主编《软装与陈设设计》，中国轻工业出版社，2017，第104页。

椅子等，均为直线形，仅有极个别的家具会呈现出曲线（特定情况）。这种直线的设计既节约空间，还能给人以简单明快的心理感受。同时恰恰因为这种简单的直线设计，反而给人们带来更多的遐想，使用者会在脑海中设想关于家具的多种自由搭配方案。

（二）布艺

设计师在进行现代简约风格的室内设计时，一般不会选用花纹过重或颜色过深的布艺，多数设计师在布艺的颜色、花纹方面会选取比较“中庸”的类别，这也更加能够符合大众的审美和追求。最常出现的就是浅颜色与简单图案，这和搭配有效凸显了布艺设计品的典雅感、线条感。

（三）灯具

现代简约风格的灯具多为不同造型的金属灯。金属除了具有耐用、抗压等基本特性之外，更重要的是具有一定的未来感与设计感，将金属灯应用于室内空间，能够营造出一种十分前卫的设计效果。同时由于金属具有一定的光泽，当人们看到金属材质的灯具时，可以欣赏因其光泽反射而产生的高级感。而且，金属灯具的表面比较顺滑，当人们看到这样的灯具时，内心的情绪也会随之平缓。

（四）装饰画

设计师在进行现代简约风格的室内设计时，可以选择抽象图案或者几何图案的挂画，三联画的形式是一个不错的选择。装饰画的颜色和空间的主题颜色相同或相近比较好，颜色不可过于复杂，也可以根据业主的喜好选择搭配黑白灰系列、线条流畅、具有空间感的平面画。

（五）花艺

现代简约风格的花艺造型线条简单、雅致，具有很强的艺术感，花朵色彩也多以单一色系为主，且色彩饱和度较低。

三、现代简约风格的特点

现代简约风格是现代人类社会发展过程中不可缺少的重要设计风格，越来越多的年轻人开始关注并接受这种较为新颖的设计风格，简约风格符合时代发展特性，迎合了大部分年轻人的喜好和心理诉求，具有重要的现实意义。

（一）功能至上

现代简约风格最主要的特点便是功能至上。功能至上，指一切以功能性、实用性为追求，室内设计中的各种物品都要具备其应有的功能，如果对于实际生活没有任何帮助，无法提供真切的便捷性，那么该物品与现代简约风格设计的初衷则是相悖的。优秀的设计师常常会将“以最少的材料达到功能实现”作为其室内设计的重要目标。现代社会，经济发展迅速，人们的生活节奏也越来越快，紧张与忙碌充斥着人们的现实生活，人们所需要的不是单纯的观赏性物品或烦琐的布艺窗帘，而是能够为自己的日常生活提供充足帮助的配置。例如：在客厅摆放必要的物品，如沙发、茶几、配套接线电器设备等，减少不具备明显实用功能的物品。除此之外，还可以开发或增加室内物品的多重功能，如果某一物品在具备传统功能的基础上，又被开发出其他的附加功能，那么则意味着使用者可以适当减少室内摆放的其他物品，以使得室内空间更加整洁干净。

总之，现代简约风格须具备实用性、功能性特点，只有这样才能为使用者的日常生活带来便捷，才能符合现代简约风格的设计初衷。

（二）简洁明快

现代简约风格简洁明快的特点体现在色彩搭配与线条构成等方面。在色彩搭配方面，现代简约风格的主流颜色为白色、灰色、米色等，这类色彩能够给人带来干净清爽、宽敞舒适的感受，能够有效降低快节奏生活下的都市人的心理压力，给人们营造一个宁静的室内环境。例如：许多设计师都会在室内运用大面积的纯色，并在特殊区域进行适当地跳色处理，这种设计可以让整个空间简洁明亮的同时，又不失个性化色彩。在线条构成方面，现代简约风格一般追求线条的简单，在满足基本功能的前提下，尽可能减少繁杂冗余的设计。总之，现代简约风格强调简洁明快，不添加任何烦琐多余的装饰与造型，色彩搭配遵循流行时尚的原则。

第六节　田园风格

一、田园风格简介

田园风格是现代室内装饰设计中的一种类型，由于社会发展节奏越来越快，人们的工作生活已经逐渐远离自然，即使在节假日也缺少接触自然和呼吸大自然新鲜空气的机会。在这样的背景下，强调回归自然、拥抱自然的田园风格便应运而生。

（一）田园与田园风格

田园是指农村地区的景象，通常涵盖了大片的田野、农村房屋、树林、草地和小溪等元素。田园也是一种文化和艺术概念，指的是一种生活方式和价值观念，强调简单、自然、宁静和与大自然和谐共处。在文学和艺术领域，田园主义指的是一种对城市化和工业化的反思，主张回归自然、追求简单的生活方式，强调诗意和想象力，以及自然与人类之间的和谐共处。田园主义在欧洲文学和艺术领域具有一定的影响力，例如：英国诗人华兹华斯（William Wordsworth）和济慈（John Keats）等就是田园主义的代表人物。在艺术和设计领域，田园风格是一种以田园为主题的设计风格，通常采用柔和的色调、自然的材料和简单的形式，以营造出一个温馨、舒适和自然的居住空间。田园风格的室内设计通常包括一些自然元素，如植物、花卉和自然材料的装饰品，以及手工编织的毯子和窗帘等。

20世纪初期，美国艺术家和设计师开始将田园风格应用于家居设计中。20世纪60年代和70年代，田园风格在欧美地区经历了一次复兴，成为当时流行的家居设计风格之一。“这种风格是早期开拓者、农夫、庄园主简单而朴实生活的真实写照，也是人类社会最基本的生活状态。”① 田园风格就是要给人们提供一种亲近自然的归属感与放松感，让人们投入大自然的怀抱。“现代社会科技高速发展，人们接受的新事物也日益增加，对视觉审美的要求逐步提高，这些都对设计师提出了更高的要求，田园风格设计既要利用传统工艺和方法，又不能让传统引领现代作为主脉，所以设计师应不断更新设计理念和观点，要吸纳和使用各种成熟的先进工艺和方法，更好地服务于空间装饰设计。科技创造将会有无限的力量，这也是一名现代设计师与时俱进、大胆创新、开拓思维的一种方法。”②

如今，田园风格已经成为一种具有国际影响力的室内设计风格，它不仅体现了人们对自然的向往，也反映了人们对简单、朴素、真实的生活方式的追求。田园风格也在不断发展和创新，不断融入新的设计理念，以满足人们不断变化的需求。

---

① 理想·宅：《室内设计基础与应用教程：设计理论与空间组织部分》，北京希望电子出版社，2019，第148页。

② 赵婷婷：《探析室内装饰中田园风格设计的表现力》，《大观》2019年第11期。

（二）田园风格的内涵

田园风格的重要内涵如下：

第一，自然和谐。田园风格注重与自然和谐相处，将自然元素融入室内设计中，营造出一个自然、舒适、宁静的生活环境。

第二，简单朴素。田园风格强调简单朴素的设计理念，讲究实用性和自然美，拒绝过度华丽和烦琐的装饰，营造出一种自然、朴素、真实的感觉。

第三，手工艺美。田园风格注重手工艺美，强调人文关怀，提倡传统手工艺术，通过手工制作的家居用品、饰品等来增强生活情趣。

第四，轻松愉悦。田园风格营造出一种轻松愉悦的氛围，给人以放松和舒适的感觉，让人们远离烦琐的生活和工作。

总之，田园风格是一种注重自然、简单、朴素、手工艺美和轻松愉悦感的设计风格，田园风格强调通过自然和人文的融合，创造出一种和谐、舒适和美好的居住环境。

（三）田园风格的代表人物

田园风格的代表人物当属罗兰·爱思（Laura Ashley）、马里奥·布阿塔（Mario Buatta）、约翰·萨拉迪诺（John Saladino）、查尔斯·弗雷泽（Charles Faudree）。其中，罗兰·爱思（Laura Ashley）是 20 世纪 60 年代和 70 年代的时尚偶像之一，她的设计充满了浪漫、自然和朴实的情感，影响了世界各地的田园风格设计师。马里奥·布阿塔（Mario Buatta）被誉为“王子的装饰师”，是 20 世纪 80 年代和 90 年代美国田园风格设计师的代表人物。他的设计充满了色彩、纹理和层次感，同时注重与自然环境的融合。约翰·萨拉迪诺（John Saladino）是美国著名的室内设计师，他的设计风格被称为“现代田园风格”，他的设计注重简洁、自然和舒适感，同时融合了现代和传统的元素。查尔斯·弗雷泽

（Charles Faudree）是美国著名的田园风格设计师，以其典雅、奢华和精致的设计风格著称。他的设计注重细节、手工艺和舒适感，同时注重与自然环境的融合。

总之，这些设计师都在田园风格的发展中做出了重要的贡献，他们的设计作品充分展现了田园风格的美感和特点，为后来的田园风格设计师提供了重要的启示和参考。

二、田园风格的类别

田园风格在各国优秀设计师的大力推动之下取得了长足发展，如今形成了多种类别，主要包括中式田园、欧式田园、英式田园、美式田园、南亚田园等。

（一）中式田园

中式田园是一种室内装饰风格，强调的是对自然、人文、人性的尊重和回归，追求的是一种轻松、自在、恬淡的生活方式，试图让人们摆脱都市繁忙、压力巨大的生活，享受自然、宁静的感觉。常用于室内设计和园林设计中。它的特点是将自然、朴实、淳朴的农村风格与中式传统文化相结合，创造出一种简约、自然、恬静的氛围。

中式田园注重的是自然美，追求的是一种平和、和谐的生活状态。其设计元素包括花鸟、山水、竹林、水池、木质家具等。色彩上以自然色调为主，如青、绿、黄等，既有清新的感觉，又不失温馨的气息。同时也强调精神层面的追求，如诗、书、画等文化艺术元素也常在中式田园风格中体现。

具体来讲，在整体设计方面，中式田园风格的特点是追求简约、自然和舒适。在色彩方面，通常以淡雅、柔和的色调为主，如淡黄色、米色、绿色等。同时也强调饰品质感和材料的选择，如木质家具、竹编制品、手工瓷器等，都是常见的中式田园风格元素。

总的来说，中式田园风格的发展也体现了中国传统文化的多样性和时代性。随着社会经济的发展和人们审美观念的变化，中式田园风格在现代化的基础上也发生了一些变化。现代中式田园风格不仅保留了传统的元素，如中国画、竹编、木雕、陶瓷等，还注重运用现代材料和技术，如不锈钢、玻璃、LED 灯光等，强调与时俱进的现代审美。

（二）欧式田园

欧式田园风格强调自然、简约和舒适，它通过传统的手工艺和自然的装饰元素来创造一种温馨、宁静和愉悦的氛围。欧式田园源于欧洲农村的传统建筑和装饰风格，这种风格通常包括浅色调的墙壁和家具，精致的花卉和植物装饰，以及传统的纺织品，如棉质、亚麻布和花边。

欧式田园风格的室内装饰强调舒适和自然，通常包括大量的自然光线和宽敞的空间布局。装饰品和家具通常采用精致的手工制作，强调传统工艺和手工艺品的美学价值。颜色大多比较自然，如白色、米色、棕色、木质色等。同时，它也注重创造自然光线和空气的流动，这种设计多通过透明的窗户、开放的门和天窗等来实现。

在装饰方面，欧式田园风格通常注重细节和手工艺品的精致，如织物上的花边、手绘的墙壁、手工编织的地毯等。此外，也喜欢运用自然元素如花朵、枝叶、鸟类等进行装饰。在家具方面，欧式田园风格的家具通常具有传统感和手工艺美感，如实木家具、手工编织的椅子和沙发等。

在室外空间设计方面，欧式田园风格通常注重庭院和花园的设计，以创造一个与室内空间相呼应的自然环境。在这种风格的花园中，人们通常种植各种鲜花、草坪和树木，同时也会设置一些水景和装饰品，如石头、雕塑等。

总之，欧式田园风格通过强调自然、传统和手工艺的美学价值，创造了一种温馨、舒适和自然的居住环境。

（三）英式田园

英式田园风格，又称英国乡村风格，是一种受到英国农村传统风格影响的装饰风格。该类风格注重自然材料的使用，布局简洁而不失温馨，强调色彩的协调与舒适感。其主要特点体现在以下几个方面：

第一，自然材料。在英式田园风格中，自然材料的使用是非常重要的。石头、木头、棉花、麻绳等材料被广泛运用，这些材料质感和色彩都非常自然，给人以清新、自然之感。墙面和地板也以木材和石材为主要材料，这些材料本身就有一定的质感，从而让整个空间更加有格调。

第二，色彩搭配。英式田园风格的色彩偏暖，这种暖色调让整个空间更加舒适。常见的颜色包括米黄、米白、深棕、深红等暖色调。在色彩搭配方面，多数情况下会采用两种颜色的搭配，这两种颜色彼此协调，例如：米黄和深棕的搭配，让整个空间看起来更加和谐。

第三，花卉和图案。英式田园风格中，花卉和图案的运用非常普遍，玫瑰、向日葵、牵牛花等花卉常常被运用在各种装饰品中，例如：墙纸、沙发靠垫、窗帘等。图案也是英式田园风格的特点之一，如条纹、方格等几何形状的图案非常常见，也有一些具有英国特色的图案，如苏格兰格子等。

第四，装饰细节。英式田园风格非常注重装饰细节，这些细节可以让整个空间更加精致、有质感。常见的装饰细节包括花边、绣花、蕾丝等，这些细节多被运用在窗帘、桌布、靠垫等装饰品上。

第五，家具。英式田园风格的家具偏向于古典款式，例如：英式沙发、复古吊灯等，这些家具风格古朴、精致，给人以稳重、优雅之感。家具的材质也以天然材料为主，例如：木材、皮革等。

（四）美式田园

美式田园风格是一种将自然元素和传统元素融合在一起的装饰风格，

强调舒适、自然、宁静的感觉。它通常使用大量的木材、石材和砖材等天然材料，以及布艺和皮革等人工材料。色彩偏向于自然色调，例如：深褐色、米色、绿色、红色等。家具通常是实木家具，呈现出粗糙、朴实和自然的风格，同时注重实用性和舒适性。墙面通常采用质感强烈的壁纸或深色木板，地板则多为木质地板。配饰方面，通常会搭配一些枝叶、花卉等自然元素，以及挂毯、绣品等手工艺品，体现出一种传统、自然、温馨的氛围。

具体来讲，我们可以从材料、色彩、家具、墙面、地板、配饰、照明等方面来对其进行研究。

1. 材料

注重使用天然材料，如实木、石材、砖材、纯棉等。

2. 色彩

习惯使用深浅不一的自然色彩，如米色、棕色、绿色等。色彩较为柔和，呈现出一种温暖、舒适的感觉。

3. 家具

家具通常为实木家具，形状较为简单，注重功能性和实用性。沙发、椅子等软垫部分采用布艺或皮革材料，营造出自然、舒适的氛围。

4. 墙面

墙面通常采用石材、实木板材或者粗糙的砖材，墙面装饰物多采用挂画、壁炉、壁挂等自然元素，增强自然感和农村气息。

5. 地板

地板多为实木地板，质地较为粗糙，木纹和木色的搭配营造出一种自然的氛围。

6. 配饰

配饰通常搭配一些自然元素，如枝叶、麻绳、布艺等，突出自然气息。同时也会搭配一些传统的手工艺品，如手工编织的毛毯、刺绣抱枕等，增强传统、朴素的感觉。

7. 照明

照明通常采用柔和、暖色调的灯光，如吊灯、台灯、壁灯等，以营造出一个温馨、舒适的氛围。

总的来说，美式田园装饰风格注重自然、朴素和舒适，通过运用天然材料、自然元素、传统手工艺品等，营造出一种自然、温馨、慵懒的氛围。

（五）南亚田园

南亚田园是一种充满异国情调和独特文化的装饰风格。它强调自然元素和传统文化的融合，因此通常在室内空间中使用大量的自然材料和印度手工艺品来营造出自然和谐的氛围。

在颜色和图案方面，鲜艳颜色和复杂图案的运用在南亚田园风格中非常普遍，目的是营造出热情洋溢的氛围。常见的颜色包括红色、橙色、黄色、紫色等鲜艳的颜色，这些颜色常常出现在印度纺织品中。南亚田园风格的图案也很复杂，通常使用大量的传统印度图案和几何图案。

在自然元素的运用方面，南亚田园风格强调与自然的联系，因此通常使用大量的绿植、花卉和天然材料来装饰室内空间。印度植物如茉莉花、印度橙、茄子花等都是常见的装饰植物。同时，南亚田园风格也常常使用天然材料，例如：木头、竹子、麻绳等，来增加自然感和传统感。

在室内家具的风格与搭配方面，南亚田园风格的家具通常是手工制作的木制家具，这些家具常常以传统印度图案为设计灵感，也常常使用彩色的沙发和垫子来增加色彩感和舒适感。此外，南亚田园风格的家具也经常使用印度手工艺品来装饰，例如：蕾丝、沙丽和珠子等。

在室内手工艺品方面，通常使用来自印度的传统艺术和手工艺品，例如：印度沙丽、蕾丝、绸缎和绣花等。这些手工艺品不仅可以增加南亚田园风格的文化气息，也可以为室内空间增加一份独特的个性和艺术气息。

三、田园风格的特点

综上所述，田园风格的室内设计具有多种类别，不同的类别也有其不同的特性，但总体来看，田园风格主要有以下几个基本特点：

第一，自然材料的合理运用。田园风格注重自然和生态，因此在材料的选择上会选择天然的材料，如木材、石材、麻绳、棉麻等，这些材料具有自然的纹理和色彩，能够营造出自然、温暖和舒适的氛围。

第二，使用柔和的色彩。田园风格追求柔和、温暖和自然的色彩，如粉色、米黄色、淡绿色等，这些颜色能够让人感到温馨和舒适。同时，在颜色的搭配上也注重色彩的协调性和自然性，避免过于刺眼的色彩冲突。

第三，自然花卉和绿植的使用。田园风格的室内设计中常常使用各种绿植和花卉来增添空间的生机和活力，如绿色的盆栽、鲜花和枝叶等，这些绿植和花卉能够让人感到自然和舒适，也能够净化空气。

第四，浪漫元素的运用。田园风格喜欢运用一些浪漫元素，如蕾丝、花边、流苏等，这些元素能够为空间增添一份柔和浪漫的氛围，同时也能够让空间显得更加温馨。

第五，自然光线的利用。田园风格注重自然光线的利用，会尽可能保留窗户，增加室内采光，让自然光线穿过整个空间，使空间更加通透和明亮，同时也能够让人感到更加自然和舒适。

第六，木质家具的运用。田园风格喜欢运用木质家具，如实木床、实木桌、实木柜等。

第七节　地中海风格

一、地中海风格简介

地中海风格是一种充满阳光、自然和温暖气息的设计风格，它以地中海沿岸国家的传统文化和建筑风格为基础。这种风格通常包括明亮的颜色、自然材料、波浪形的图案和纹理、手工制作的艺术品和装饰品，以及大量的自然光线。

（一）地中海风格的内涵

地中海风格经过多年的发展和演变，已经形成了多种不同的风格变体，如西班牙地中海风格、意大利地中海风格、希腊地中海风格等。目前，地中海风格在全球范围内都有着广泛的应用，成为一种广受欢迎的室内设计和装饰风格。它适用于不同类型的房屋，从小型公寓到豪华别墅，都能够运用地中海风格的元素，创造出充满阳光、自然、舒适和朴素的空间。

地中海风格的内涵主要包括以下几个方面：

自然与人文的结合：地中海风格将自然元素和人文元素结合在一起，将自然美和人类文化完美地融合在一起，体现了人们对自然和生活的热爱与尊重。

清新、明亮的色彩：地中海风格以蓝色和白色为主要色调，这两种颜色相互搭配，形成了清新、明亮的效果。此外，地中海风格也使用其他鲜艳的颜色，如黄色、绿色和橙色等，给人带来愉悦和温暖的感觉。

自然材料的运用：地中海风格注重运用自然材料，如木材、石材和陶瓷等，这些材料天然、耐用、美观，也符合地中海地区的气候和文化背景。

海洋和阳光：地中海风格的形成主要受地中海沿岸国家的影响，这些国家的人们生活在阳光、海洋和自然中，因此地中海风格也充满了阳光和海洋的元素，让人感到轻松、愉悦和自由。

简洁自然的造型：地中海风格的建筑和家居装饰都注重简洁、自然的造型，没有过多的修饰和烦琐的细节，体现了地中海人们对简单、自然、舒适生活的追求。

（二）地中海风格的起源

地中海风格的形成是不同国家和地区的文化交流融合的产物，这些国家和地区包括意大利、希腊、西班牙、法国、土耳其以及北非地区等，这些国家和地区有着丰富多彩的历史和文化遗产，深受地中海气候的影响。

地中海气候的特点是夏季炎热干燥，冬季温和多雨，日照充足，自然环境优美。在这样的自然环境中，人们喜欢用明亮的颜色和天然材料来装饰房屋，以抵御高温和潮湿的天气。同时，地中海地区的文化遗产也对室内设计产生了深远的影响，例如：古希腊文化、罗马文化和摩尔人文化等，这些文化遗产的艺术和建筑风格都为地中海风格的形成提供了灵感和基础。

20 世纪初期，随着旅游业的兴起和交通技术的发展，地中海风格逐渐受到了更多人的关注和喜爱。人们开始将地中海风格的元素和特点应用于室内设计中，创造出一种充满阳光、自然和温暖气息的室内设计风格。如今，地中海风格已成为全球流行的室内设计风格之一，广受欢迎。

二、地中海风格的类别

地中海风格广泛流行于希腊、意大利、西班牙和摩洛哥等地区，逐渐形成了西班牙地中海风格、意大利地中海风格、希腊地中海风格、摩洛哥地中海风格等，这些地中海风格由于受不同地区和文化背景的影响而各有不同。

（一）西班牙地中海风格

西班牙地中海风格是一种充满热情、光彩夺目的室内装饰风格。该类风格具有浓郁的地中海元素。例如：马赛克、泥砖和圆拱等。这些元素可以为室内增加一份异域风情，让人感受到地中海地区独特的文化和历史。

在色彩方面，西班牙地中海风格的色彩运用十分鲜艳，例如：红色、黄色、橙色和蓝色等。这些色彩代表了地中海地区的阳光、海洋。此外，西班牙地中海风格也经常使用中性色，如白色和米色，以平衡鲜艳的色彩。

在灯具方面，西班牙地中海风格的灯具通常是手工制作的，例如：手工铁艺吊灯和陶瓷壁灯等。这些灯具不仅可以为室内增加一份艺术氛围，还可以为室内创造出独特的光影效果。

在家具方面，西班牙地中海风格的家具通常也是手工制作的，以木质和铁质为主。这些家具经常呈现出简单、自然的线条，以突出自然材料的美感。

（二）意大利地中海风格

意大利地中海风格是一种古典、优雅和精致的室内装饰风格，主要起源于意大利南部和西西里岛等地区。意大利地中海风格经常使用古典元素，例如：雕刻细节、壁画和彩色玻璃等。这些元素可以为设计增添一些古典氛围，让人们感受到意大利文化的博大精深。

在材料方面，大理石、陶瓷等材料在意大利地中海风格的设计中经常使用，这些材料具有质感且十分坚固，可以让室内看起来更高级。

在色彩方面，意大利地中海风格的设计通常以中性色为主，如白色、米色和灰色等，这些颜色可以为室内增添优雅而高贵的气氛。

在家具方面，意大利地中海风格的设计通常是手工制作的，以木质

和皮革为主。这些家具经常呈现出复杂的雕刻细节和华丽的曲线，以突出家具的精致感。

在灯具方面，意大利地中海风格的设计通常是华丽而精致的，如水晶吊灯和铁艺壁灯等。

可以说意大利地中海风格是一种古典、优雅和精致的装饰风格，可以给人们带来高雅、精致之感。

（三）希腊地中海风格

希腊地中海风格是一种充满阳光、海洋和古典元素的装饰风格，主要源于希腊和爱琴海沿岸的小岛等地区。希腊地中海风格经常运用各种各样的古典元素，包括圆拱、柱子和雕刻细节等。此外，希腊地中海风格还经常使用希腊传统的装饰元素，如浅浮雕和罗马图案等，以突出希腊文化的独特魅力。

在色彩方面，希腊地中海风格的设计以白色和蓝色为主，这些颜色代表了地中海地区的阳光和海洋。白色是希腊建筑的主色调，同时也代表着光明、纯洁和空间感。蓝色是希腊国旗的颜色，也代表着海洋和天空。此外，希腊地中海风格的设计也有可能会使用绿色、黄色和橙色等鲜艳的颜色，以增加室内的色彩层次感。

在材料方面，希腊地中海风格的设计以石膏、大理石和陶瓷等为主，这些材料具有质感，且质地坚固。例如：大理石通常用于地面装饰，而陶瓷和瓷砖则用于墙面装饰。

在家具方面，与其他类型的地中海风格相似，希腊地中海风格的家具材质多以木质和皮革为主。这些家具经常呈现出简单、自然的线条，以突出家具的实用性和美观性。设计师还经常使用天然材料，如麻绳、竹编和棕榈叶等，以突出希腊地中海风格的自然、简约的特点。

（四）摩洛哥地中海风格

摩洛哥地中海风格是一种混合了北非和南欧传统设计元素的风格，包括摩洛哥、西班牙、意大利和法国等国家的设计元素，同时也受到了阿拉伯、伊斯兰和地中海地区的历史和地理环境的影响。可以说摩洛哥地中海风格是一种多元化的风格。

在色彩方面，摩洛哥地中海风格的色彩构成十分丰富，通常使用鲜艳的色彩，如蓝色、绿色、黄色、红色等。

在手工艺品方面，摩洛哥地中海风格的手工艺品有手织地毯、手工陶器、铜制品、饰品等，这些装饰物品具有浓郁的摩洛哥传统风格。

在建筑方面，摩洛哥地中海风格的建筑和装饰物品通常具有独特的细节，如摩尔式拱门、手工刻花木制家具、饰有陶瓷砖的墙壁等。

总之，摩洛哥地中海风格是一种浓郁的文化和艺术风格，这种风格适合喜欢自然、传统和手工艺品的人们，可以为家居装饰带来独特的视觉效果和氛围。

三、地中海风格的特点

地中海风格常以海洋、阳光和自然为灵感，注重舒适、轻松、自然的氛围是地中海风格的主要特点。

第一，颜色靓丽性。地中海风格的设计经常选用浅蓝色、浅绿色、米色和白色等清新明亮的颜色，与自然和海洋的色调相呼应，营造出舒适和放松的氛围。

第二，空间连通性。地中海风格注重室内和室外空间的连通性，因此室内空间通常与室外露台或花园相连，使居住者能够更好地享受阳光和自然。设计师还经常采用大面积的窗户和百叶窗，以加强室内通风，提高室内明亮度。

第三，装饰自然性。地中海风格常常使用植物、花卉和水景等自然元素来装饰室内空间，营造出轻松、愉悦、自然的氛围。

第四，搭配一致性。地中海风格注重室内和室外的一致性，室外露台和室内空间通常采用相似的材料和色彩进行装饰，使整个室内空间形成和谐的视觉效果。

第八节　北欧风格

一、北欧风格简介

北欧风格是指来自北欧地区（包括丹麦、芬兰、冰岛、挪威和瑞典）的室内装饰风格。这种风格通常以简洁、明亮、自然和实用为特点，强调舒适和功能性，注重自然元素的运用。北欧风格以简洁著称，并对后来的“极简主义”“简约主义”“后现代”等风格产生影响。

北欧风格起源于20世纪初，当时北欧的传统手工艺与设计开始融合，设计风格呈现出对文化传统和自然材料的尊重，以功能主义为第一要素，形式简洁，没有烦琐的装饰，这种清新自然、富有人情味的风格刚一出现就吸引了大众的关注。20 世纪 50 年代，伦敦举办了一场以“设计在斯堪的纳维亚”为主题的展览，北欧风格的设计在展会上获得了不错的反响，自此之后，北欧风格被人们广泛接受。随着时间的推移，如今北欧风格逐渐发展成为一种独特的设计风格，深受欢迎，成为国际室内设计和家居装饰领域的主流趋势之一。

北欧风格的形成受到多种因素的影响。第一，北欧国家的自然环境十分独特，山川湖海、极光和昼夜等元素都是北欧风格设计的灵感来源。第二，北欧人民有着自然、朴素的生活方式，他们注重环保、实用和品质的理念也反映在北欧风格的设计中。此外，20 世纪初的现代主义运动和工业化进程也对北欧风格的形成产生了影响，设计师们开始注重功能性和工业化生产的实用性，同时强调形式与功能的一致性。

二、北欧风格的类别

北欧风格在北欧地区的不同国家有不同的发展方向，形成了不同的类别。

（一）瑞典风格

瑞典风格是北欧风格的一种重要类型，瑞典风格强调淡蓝色、淡黄色和灰色等色彩的运用，通常与白色的墙壁和天花板搭配，给人一种清新、简约和通透的感觉。瑞典风格的家具和配饰也具有简单、干净和实用的特点，如木制椅子和沙发，简单的灯具和地毯等。

由于北欧地区的日照时间较短，因此瑞典风格强调充分利用自然光线，增加室内空间的明亮感和通透感。为了实现这一目标，瑞典风格的设计通常使用大窗户、白色的墙壁和天花板，以最大程度地反射光线。

此外，瑞典风格还注重自然元素的运用。设计师通常使用自然材料，如棉布、亚麻、木材和皮革等，以创造出一个自然、和谐的环境。设计师还强调室内空间的简洁性，强调使用最少的装饰来突出每个元素的重要性。这种设计风格非常适合那些喜欢简单、干净和现代感的人。

（二）丹麦风格

丹麦风格是北欧风格的另一种重要类型，通常采用木制品和手工艺品作为主要材料，以灰色、棕色和白色为主。家具和配饰通常具有精致的细节和柔软的材质，以提高舒适度。设计师通常会选择大窗户和通风良好的房间来增加空气流通，以此来减少潮湿和不透气的问题。

此外，丹麦风格还注重人体工学设计。它通常使用柔软的材质和简单的几何形状，以提高家具和配饰的舒适度。例如：沙发和椅子通常具有圆润的边缘和柔软的垫子，以贴合人体曲线。

丹麦风格还注重个性化的设计元素。设计师通常会使用一些独特的

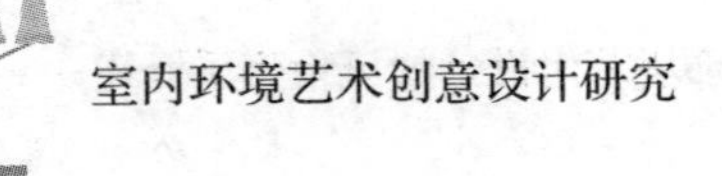

设计元素来增加房间的个性和魅力，例如：艺术品、手工艺品和特色灯具等。这些元素能够使整个空间更加有趣，增加居住者的生活品质。

（三）挪威风格

挪威风格注重自然和舒适，以米色和木色为主要色调。这种风格与丹麦风格相似，家具和配饰通常具有简单的形式和柔软的材质，以提高舒适度。

挪威风格强调自然材料和简单几何形状的运用，以创造一个宁静的环境。设计师通常会使用自然木材和亚麻布等材料，使整个空间看起来更加自然和温暖。

此外，挪威风格还注重室内空间的实用性。设计师通常会为每个空间设计合适的家具和选取合适的配饰，以提高空间的利用率和效率。例如：在储物空间方面，设计师会为客厅和卧室设计各种储物家具，如书柜、橱柜和抽屉式收纳柜等，以提升空间利用率。

（四）芬兰风格

芬兰风格注重实用性、功能性和整洁性，通常以深色木材和简单的几何形状为特点。这种风格强调现代感，家具和配饰通常具有简单的形式和实用的功能，如折叠桌、伸缩沙发等，以提高空间的灵活性和空间利用率。

芬兰风格要求使用最少的装饰和材料来创造一个干净、简洁和现代的空间。此外，芬兰风格十分注重环保和可持续性。设计师通常会使用环保材料和设备，例如：节能灯具、水龙头和低碳家电等，以减少能源消耗和对环境的影响。

（五）冰岛风格

冰岛风格通常以白色、黑色和灰色为主色调，所用材料多为自然木材和羊毛。家具和配饰通常具有简单、干净和实用的特点。

冰岛风格的设计追求自然。设计师通常会使用自然材料和独特的设计元素来创造一个独特的空间，例如：冰岛的黑色岩石、火山熔岩和雪山等元素。这些设计元素增加了空间的个性和魅力，使居住者感觉更加亲近自然。

冰岛风格还注重室内空间的舒适性。例如：在设计卧室时，设计师通常会使用柔软的床垫、舒适的床单和温暖的被子，以创造一个舒适、温暖和放松的空间。

三、北欧风格的特点

北欧风格以简洁著称，主要特点如下：

第一，北欧风格与装饰艺术风格、流线型风格等追求时髦和商业价值的形式主义不同，北欧风格注重简洁实用，体现对传统的尊重，对自然材料的欣赏，对形式和装饰的克制，以及力求形式和功能的统一；北欧风格的室内设计，室内的顶、墙、地三个面，完全不用纹样和图案装饰，只用线条、色块来区分点缀。

第二，在家具设计方面，北欧风格的家具形式多样，但都没有雕花、纹饰。

总之，北欧风格是一种非常受欢迎的装饰风格，它以明亮、简洁、实用和自然为特点，多采用白色、中性色调。材料以天然材料为主，例如：木材、皮革、麻绳、棉质、亚麻等。这些特点使得北欧风格成为现代装饰风格的一种典范，也为人们创造了一个宜居、舒适和充满生机的居住环境。

第九节　东南亚风格

一、东南亚风格简介

东南亚风格是反映东南亚地区的艺术、建筑和文化的风格。它们的设计元素通常包括复杂的图案、纹理、花卉、植物和动物等自然元素。东南亚风格的室内设计在现代装饰中也很受欢迎，由于受到佛教、印度教、伊斯兰教和基督教等不同宗教的影响，东南亚风格的设计具有一定的宗教意味。

（一）东南亚风格的起源

东南亚风格的起源可以追溯到古代时期。在东南亚的古代王国，例如：印度尼西亚、马来西亚和泰国，其室内设计常常以当地传统文化为设计基础。而且这种设计风格是一种展示社会地位和财富的方式。

在东南亚风格的室内设计中，自然元素和传统手工艺通常是十分重要的。竹子、木头和藤条是常用的建筑材料，而手工织物和编织品则常用于家具和装饰品中。同时，东南亚风格的室内设计还常常使用亚洲独特的颜色和纹理，例如：大胆的花卉图案和鲜艳的色彩等。

随着时间的推移，东南亚风格的室内设计不断发展和演变。现代东南亚风格的室内设计中，当地传统元素和现代设计元素的结合运用越来越受人们欢迎，这种形式的设计可以创造一个更具现代感和实用性的生活空间。

（二）东南亚风格的理念

东南亚风格的室内设计理念强调自然、简洁、实用。具体内容如下：

自然。东南亚风格的室内设计通常强调自然元素，例如：木头、竹子、石头、水、花卉和植物等。这些元素能够带来自然、和谐和舒适的氛围。

简洁。东南亚风格的室内设计强调室内空间的简洁。设计师通常选择简单的家具和装饰物装饰室内空间，来营造出简洁的室内氛围。

实用。东南亚风格的室内设计强调实用和功能性，家具和布置通常以实用和方便为主。这种风格的室内设计会避免过多的装饰和陈设，从

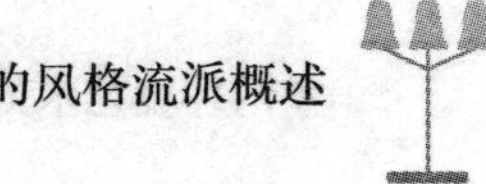

而让居住者拥有更加宽敞、舒适和实用的空间。

此外，东南亚风格的室内设计要求融入丰富的文化传统，将当地的文化传统和手工艺品的元素作为设计的灵感来源。例如：手工编织的地毯、木雕、石雕、壁纸，等等。

二、东南亚风格的类别

东南亚地区包括越南、柬埔寨、老挝、泰国、缅甸、马来西亚、新加坡、印度尼西亚和菲律宾等国家，每个国家的室内设计风格都各有特色。

（一）泰式风格

泰式风格的室内设计所用色彩鲜艳明亮，多以金色、红色、紫色等颜色为主。所用图案大胆。所用材料多以绸缎、木材、竹子为主。整个设计呈现出清新明亮的特点。

（二）印尼风格

印尼风格的室内设计通常采用深色木材和天然石材等材料，与泰式风格相比更加自然和朴实。其装饰品也以手工编织的藤条制品、木雕和铜雕等手工艺品为主。

（三）菲律宾风格

菲律宾风格的室内设计通常以木质家具和手工编织的藤条为主，常常运用地中海风格的元素，例如：蓝色和白色的颜色搭配，以及深色的木质家具等。

（四）越南风格

越南风格的室内设计以简洁的线条和自然的色彩为特色，通常使用竹子、藤条、棕榈叶和丝绸等材料。其装饰品以手工制作的陶瓷、青花瓷和漆器等工艺品为主。

（五）缅甸风格

缅甸风格室内设计通常以深色的木质家具和金属工艺品为主，例如：镀金铜器和金属雕刻。其装饰品也以手工制作的陶瓷和青花瓷为主。

三、东南亚风格的特点

东南亚风格的室内设计具有独特的文化特色和个性化的设计理念。从自然元素到传统文化元素，从建筑风格到装饰细节，诸多因素共同构成了东南亚风格室内设计的独特魅力。

（一）自然元素

东南亚的自然环境非常丰富，因此自然元素在室内设计中起着重要的作用。例如：木材、竹子、草席和石头等天然材料经常用于装修墙壁、地板和天花板。同时，东南亚人喜欢将植物和花卉放在室内，让室内空间充满生机与活力。

（二）明亮色彩

东南亚地区的气候通常温暖潮湿，因此人们喜欢使用明亮的颜色来增加室内的亮度和活力。常用的颜色包括橙色、红色、黄色和绿色等。此外，蓝色也是东南亚地区常见的颜色，它可以让人感到平静和放松。

（三）简洁而实用的家具

东南亚地区的家具通常以简单实用为主，同时也要美观大方。木材是东南亚地区最常用的材料，该地区通常使用深色的木材来制作家具。另外，竹子和棕榈叶也是常见的材料，这些材料常被用来制作椅子、沙发和床等。

（四）个性化装饰

东南亚文化的多样性和丰富性为东南亚风格的室内设计提供了无限的灵感。人们经常使用独特的手工艺品、雕刻品和织物来装饰室内空间。例如：在泰国，人们会用漂亮的金色花环来装饰家庭神龛或房间的门，这被认为是祈求好运的一种方式。

（五）开放式布局

东南亚的气候温暖潮湿，人们喜欢开放式的室内布局。这种布局通常将客厅、餐厅和厨房连接在一起，形成一个开放的空间。此外，人们也经常在室内与室外之间留有开放的区域，以便更好地享受自然环境。

（六）传统文化元素

东南亚地区有着悠久的历史和文化传统，这些元素经常被融入东南亚风格的室内设计中。例如：在印度尼西亚，传统的木雕、藤编和印尼巴厘岛特色的艺术品经常用来装饰室内空间，营造出浓郁的传统氛围。在泰国，人们喜欢在家中摆放佛像或佛教艺术品，以表达对佛的尊敬。

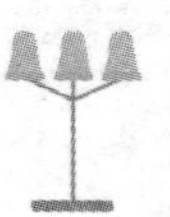

第十节　混合型风格

一、混合型风格简介

混合型室内设计风格是指将不同的设计元素和风格结合在一起，形成独特的室内设计风格。这种风格通常涵盖了多种不同的设计风格，例如：现代风格、传统风格、工业风格、复古风格等。

混合型室内设计风格的起源可以追溯到20世纪初期。在这个时期，许多艺术家和设计师开始将不同的风格和元素融合在一起，创造出独特的设计风格。这种趋势在19世纪20年代和30年代的现代主义运动中得到了进一步的发展。20世纪后期至21世纪初期，随着现代人对多样化和个性化的追求，以及不同文化和地区之间的交流和融合，混合型室内设计风格变得越来越流行。如今混合型室内设计风格已经成为一个主流的趋势，得到了广泛的应用和发展。

混合型室内设计风格的成功与否，取决于设计师的能力和判断力，他们需要能有效地将不同的元素组合在一起，创造出令人惊叹的视觉效果。同时，混合型室内设计风格还需要保持一定的平衡和协调，以避免让空间显得杂乱无章。

混合型室内设计风格的优点在于，它可以创造出独特而富有个性的空间，同时还能够满足不同人的不同需求和喜好。例如：一些人可能喜欢现代风格的简洁和干净，而另一些人可能更喜欢传统风格的温馨和舒适感。混合型室内设计风格可以同时满足这两种需求，创造出一个兼具现代和传统元素的空间。

然而，混合型室内设计风格的挑战在于，设计师需要有很高的设计能力和丰富的经验，才能将不同的元素融合在一起，同时还要考虑空间的功能性和流畅性。因此，混合型室内设计风格通常需要花费更多的时间和精力来设计和执行。

二、常见的混合型风格

混合型室内设计风格并没有一个固定的类别或分类方法，因为它的组成部分非常多样。但是，人们可以根据一些常见的混合型风格元素进行分类。

（一）现代与传统混合型风格

这种风格通常将现代的设计元素（如简约的线条、几何形状等）与传统的设计元素（如复杂的花纹、纤细的装饰等）相结合，形成一个兼具现代与传统风格的空间。

（二）工业与自然混合型风格

这种风格通常将工业风格的元素（如裸露的管道、铁质的家具等）与自然风格的元素（如绿色植物、木质元素等）相结合，形成一个独特而富有质感的空间。

（三）北欧与日式混合型风格

这种风格通常将北欧风格的元素（如简约、干净的线条、明亮的色彩等）与日式风格的元素（如简单而富有节奏感的布局、自然材料等）相结合，形成一个简洁而舒适的空间。

（四）艺术与传统混合型风格

这种风格通常将具有艺术感的元素（如色彩丰富、具有艺术感的装饰品等）与传统的设计元素（如华丽的壁纸、古典的家具等）相结合，形成一个富有艺术气息的空间。

混合型室内设计风格的种类可以非常多样化，可以根据不同的元素和风格进行组合和创新，从而形成更加独特和有个性的空间效果。

三、混合型风格的特点

混合型风格的特点主要包括独特性、多样性、平衡性、实用性、非传统性等。

（一）独特性

混合型室内设计风格的一个显著特点是独特性。由于不同风格的设计元素融合在一起，创造出了独特而有个性的空间效果，与传统的单一风格相比，更具个性化和多样性。

（二）多样性

混合型室内设计风格的另一个显著特点是多样性。由于设计师可以将多种不同的设计元素和风格组合在一起，因而其可以创造出多种不同的混合型风格，从而满足不同客户的需求和喜好。

（三）平衡性

混合型室内设计风格的成功与否，取决于设计师的能力和判断力，他们需要能够有效地将不同的元素组合在一起，创造出令人惊叹的视觉效果。同时，混合型室内设计风格还需要保持一定的平衡和协调，以避免让空间显得杂乱无章。

（四）实用性

混合型室内设计风格也需要注重空间的实用性和功能性。设计师需要在融合不同风格的同时，确保空间的流畅性和功能性，满足客户的需求。

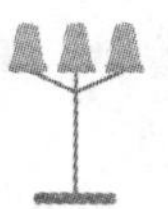

（五）非传统性

混合型室内设计风格打破了传统的设计理念和界限，设计师不再受限于某种单一的风格或元素，而是根据客户的需求和个性，融合不同的设计元素和风格，创造出非传统的空间效果。

第十一节　日式极简风格

一、日式极简风格简介

日式极简风格是一种源于日本的室内设计风格，强调简洁、自然和舒适。日式极简风格的色彩通常是白色、米色等清淡自然的颜色，以及深色的木材色。少量的绿色、红色、蓝色等其他颜色也可以被用来增加房间的层次感和清新感。日式极简风格偏爱使用天然的材料，如木材、竹子、棉麻等。同时，它也强调质感和手感，因此在家具和装饰品上通常会选择质量优良、制作精细的产品。在布局方面，该风格非常简洁，对家具和装饰品追求精简，以突出空间的流畅和通透感。同时，它也注重对每个细节的处理，以达到整体和谐的效果。日式极简风格注重灯光的柔和舒适，因此通常使用软光源的灯具，例如：吊灯、台灯、壁灯等。它也强调光线的自然和均衡，窗户通常会设计得大而宽，以便自然光线能充分进入。

二、日式极简风格前景广阔

日式极简风格注重简约，强调居住的舒适性，室内装饰相对简单，但会注重一些自然和纯粹的元素，例如：花卉、植物、自然石材等，也会使用一些简约的艺术品，例如：书法、绘画等，以增加房间的艺术感。日式极简风格已经成为全球范围内非常受欢迎的室内设计风格，它的发展前景非常广阔。

首先，受众群体不断扩大。随着人们生活方式的变化，越来越多的人开始追求自然、简洁、舒适的生活方式，这也促进了日式极简风格的发展。不仅是年轻人，越来越多的家庭、商业机构、酒店等都开始采用日式极简风格。

其次，可持续性和环保。日式极简风格注重自然材料的使用，而这种设计风格也逐渐被人们认为是可持续性和环保的。它不仅可以满足人们对舒适、美观的需求，还可以推广环保、可持续性的生活方式。

最后，文化交流和融合。日式极简风格虽然是一种源于日本的室内设计风格，它也在不断地与其他文化进行交流和融合。例如：近年来日式极简风格与北欧风格、现代风格等进行了有益的结合，形成了更加多元化和丰富的室内设计风格。

总之，日式极简风格的发展前景非常广阔，它注重自然、简洁、舒适和艺术感，与人们对于健康、环保、可持续性生活方式的需求高度契合。未来随着人们对于高品质、高品位、高生活质量的追求，日式极简风格也将持续发展并拥有更加广阔的市场。

第十二节　后现代主义风格

一、后现代主义风格简介

后现代主义风格的室内设计是对传统现代主义室内设计的一种反叛和颠覆。传统现代主义注重简洁、功能性和合理性，倡导“形式追随功能”，而后现代主义则更加强调装饰性和表现性，它试图把设计作为一种创造艺术品的方式来看待。

后现代主义风格的室内设计的设计理念是多元化、开放性和变革性。设计师试图打破传统的设计模式和思维模式，追求更加开放和自由的设计方式，通过在设计中引入非常规的元素，例如：颜色、材料、形式、

光线等，来创造出具有独特魅力的室内环境。

在后现代主义风格的室内设计中，材料和颜色被赋予了更多的意义和表现力。设计师会使用各种非传统的材料和色彩，例如：玻璃、金属、亮面材料、鲜艳的颜色等，来创造出奇特、富有张力和反差感的设计效果。后现代主义室内设计强调空间的多样性和灵活性，不再追求传统的整齐划一的布局方式。设计师会通过创造多样化的空间和布局方式，来满足不同用户的需求和期望。他们会使用非线性的布局方式、多层次的空间感、灵活的隔断等方法来打破传统的空间模式，创造出更具有个性和艺术性的室内环境。

二、后现代主义设计风格案例

比较具有代表性的后现代主义风格的设计师有菲利普·斯达克（Philippe Starck）、彼得·马里诺（Peter Marino）、罗恩·阿诺德（Ron Arad）等人。菲利普·斯达克为法国设计师，他擅长运用新材料和新技术，将艺术元素和科技元素融合在一起，创造出具有未来感的室内设计作品。代表作品包括Delano酒店、Hudson酒店、Royalton酒店等。彼得·马里诺为美国设计师，以其豪华、奢华、多彩的后现代主义室内设计风格而著名。他善于将传统元素与现代元素相融合，创造出充满张力和表现力的室内环境。代表作品包括路易威登旗舰店、迪奥旗舰店等。罗恩·阿诺德为以色列设计师，是后现代主义风格室内设计领域的代表人物之一。他的设计作品以强烈的个性和艺术性为特点，常常使用非传统材料，例如：金属、玻璃等等，创造出独特的设计效果。代表作品包括莫斯科希尔顿酒店、福布斯千禧酒店等。

总的来说，后现代主义风格是一种具有深厚哲学背景和艺术性的设计风格。它强调创造性、个性化和自由化的设计方式，试图打破传统的设计模式，创造出更加丰富多彩、充满张力和表现力的室内环境。

第十三节　自然主义风格

一、自然主义风格简介

自然主义是一种哲学和文学思潮，强调现实和自然的真实性和自然之美。在哲学上，自然主义强调人和自然的统一和相互作用，认为人类应该遵循自然规律和尊重自然环境。在文学上，自然主义强调现实主义和自然主义的相互融合，追求真实性和自然之美，反对浪漫主义和古典主义的刻板和虚假。

在室内设计领域，自然主义是一种注重自然和真实感的室内设计风格。在自然主义风格的室内设计中，设计师通常会借鉴自然界的形式、色彩和材料来创造出自然的室内空间。

二、自然主义风格的特点

自然主义风格的特点如下所述：

第一，自然材料的使用。自然主义风格的室内设计通常会使用自然材料，如木材、石材、麻绳、毛绒面料等，以营造自然的感觉。这些材料不仅可以为室内空间增添温馨感，同时也能够反映出设计师对于自然的尊重和追求。

第二，绿色植物的运用。在自然主义风格的室内设计中，绿色植物的运用非常普遍。设计师通常会在室内空间中添加一些绿色植物，如盆栽、花草等，这些植物不仅可以美化室内空间，还可以净化空气，提高人们的舒适感和生活质量。

第三，自然色彩的运用。自然主义风格的室内设计通常采用自然色调，如棕色、绿色、灰色、米色等，这些颜色能够给人带来舒适、自然的感觉。此外，黄色、橙色、蓝色等一些明亮的颜色也可以为室内空间增添活力和亮度。

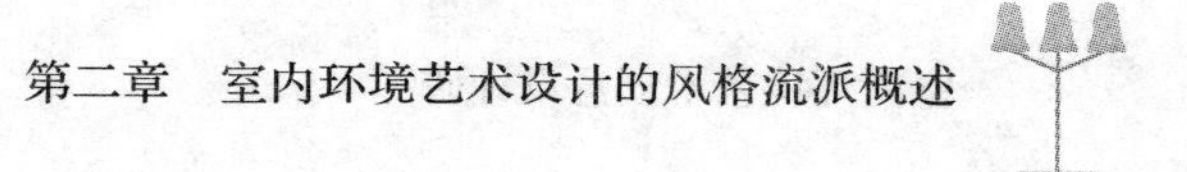

第四，自然光的运用。自然光的运用非常重要，设计师通常会通过窗户、天窗等将自然光引入室内空间，这样可以让室内空间更加明亮、舒适，同时也能够减少能源的消耗。

第五，简约而精致的设计。自然主义风格的室内设计通常强调简约、自然。设计师通常会选择一些造型简单、线条流畅的家具和装饰品，避免过多的繁复装饰，以突出自然材料的质感和纹理。

第十四节　侘寂风

一、侘寂风简介

侘寂风是一种源自日本的美学概念，它代表一种对于不完美、短暂和不完整的事物的欣赏，强调接受并欣赏自然和生活的不完美与不确定性。侘寂风并不追求豪华、奢华或是完美，而是注重朴素、自然和真实。

在设计领域，侘寂风会体现在对于自然材料、简单设计、独特纹理和色彩的应用，以及对于时间和使用痕迹的尊重。例如：有的木器设计会保留木材的纹理和裂痕；有的陶器设计会保留手工制作的痕迹；有的建筑设计会利用自然光和自然材料等，以创造一个和谐、自然的空间。

在生活哲学上，侘寂风可以体现出对于简单生活、内在价值和真实感受的追求。例如：有的人会选择简单的生活方式，减少物质需求，更注重享受生活的过程；有的人会选择独特的职业或生活方式，追求自己真正热爱和认同的东西，而不是盲目追求社会主流定义的成功。

总的来说，侘寂风是一种对生活的独特理解和欣赏，它提醒人们尊重和欣赏自然与生活的真实和独特，享受生活的过程，追求内心的满足。

二、侘寂风的特点

侘寂风在室内设计中的应用，常常表现为对简单、自然、和谐和真实的追求。以下是侘寂风室内设计的一些特点：

自然材料的使用。侘寂风倾向于使用自然和朴素的材料，例如：木材、石材、陶土等。这些材料可以保留自然的纹理和色彩，表现出独特的美感。

简单的设计。侘寂风注重简单和实用的设计，不追求复杂的装饰和豪华的装修。设计中往往以简单的线条和形状为主，突出空间的和谐性和流动性。

使用的痕迹。侘寂风尊重时间和使用的痕迹，接受并欣赏物品的老化和磨损。例如：有的设计会保留木材的裂痕和磨损痕迹，或是陶瓷的手工制作痕迹。

自然光的利用。侘寂风善于利用自然光，创造一个温暖和舒适的环境。例如：设计师可以通过大窗户、透明的门窗或是开放式的设计，让自然光充满整个空间。

和谐的空间。侘寂风注重空间的和谐和平衡，以创造一个宁静和舒适的环境。例如：设计师可以通过合理的布局和色彩搭配，或者运用对比和重复的设计手法，来营造一个和谐的空间。

绿色植物的运用。侘寂风常常将绿色植物引入室内设计，这样不仅能够给室内带来清新的空气，还能给人带来生机和自然的感觉。

第十五节　彩色霓虹风

一、彩色霓虹风简介

彩色霓虹风，又称“霓虹泡泡风”，是一种极具现代感、独特且活泼的设计风格。它源自于20世纪80年代和90年代的流行文化，这一时期的艺术和设计领域充满了活力和创造力。当今时代，彩色霓虹风得到了重新诠释和发展，成为室内设计和艺术领域的一种重要流行趋势。这种风格主张大胆、鲜艳的色彩搭配，例如：亮绿色、粉红色、紫色等霓虹色系，以及其他各种颜色鲜艳的色彩搭配。这些饱和度高、靓丽耀眼的色彩能够营造出活力四射、青春洋溢的氛围，给人带来极强的视觉冲击。彩色霓虹风还充分利用了光影效果。霓虹灯、LED 灯等光源被普遍应用于室内设计中，营造出一种光彩夺目、如梦如幻的氛围。同时，反光和透明的材质，如镜面、亚克力、金属、玻璃等，也被用来增强室内的光影效果，使空间更具有深度和层次感。

总的来说，彩色霓虹风是一种充满活力、极具创新性的设计风格。它将鲜艳的色彩、大胆的图案与现代元素完美融合，创造出一种独特的视觉效果，使人置身于一个充满魅力和活力的空间中。

二、彩色霓虹风的特点

彩色霓虹风于近年复苏并走向主流。以下是彩色霓虹风在室内设计中的一些主要特点：

鲜艳的色彩。彩色霓虹风通常会使用鲜艳的色彩，包括艳粉色、亮绿色、紫色等。这些色彩非常醒目，给人一种青春洋溢和活力四射的感觉。

大胆的图案。彩色霓虹风也常常使用大胆的图案设计，例如：涂鸦、几何图形、大胆的抽象图案等。这些图案具有很强的视觉冲击力，能够吸引人们的目光。

灯光效果。彩色霓虹风常常使用霓虹灯、LED 灯等创造出强烈的光影效果。这些光影效果能够营造出梦幻般的氛围，让人仿佛置身于另一个世界之中。

反光材质。彩色霓虹风常常使用反光和透明的材质，例如：镜面、亚克力、金属、玻璃等。这些材质能够反射和折射光线，增强室内的光影效果。

现代感。彩色霓虹风的设计常常充满了现代感。设计者常常会使用现代的设计语言和元素，比如简洁的线条、流线型的形状等。

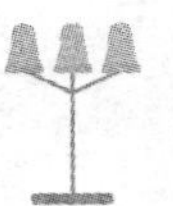

第十六节　孟菲斯风

一、孟菲斯风简介

孟菲斯风格以其大胆的颜色组合、异形几何设计和鲜明的装饰性元素而闻名。这一设计风格由意大利的孟菲斯集团提出，该集团成员主要为设计师和建筑师，他们试图打破过去的设计规则，尤其是对现代主义的规定。

孟菲斯风格的设计元素包括大胆的颜色、不规则的形状和夸张的比例。这种风格倾向于将不同的材质和样式混合在一起，创造出一种无法归类的新形式。孟菲斯风格常常运用图形设计、装饰艺术、流行文化和前卫艺术等元素，创造出一种既混乱又协调的视觉效果。孟菲斯风格的室内设计还经常运用几何形状和抽象图案，例如：圆形、方形、三角形、条纹、点状、波浪形等。这些图案常常被大胆地堆叠和组合在一起，创造出一种既有节奏感又有深度感的空间效果。可以说孟菲斯风格是一种反传统、富有创新精神的设计风格。它的大胆和前卫在当今的设计界仍有广泛的影响力，被许多设计师和艺术家所青睐。

二、孟菲斯风格的特点

孟菲斯风格的室内设计具有以下特点：

大胆的颜色组合。孟菲斯风格的室内设计常常使用大胆、鲜艳的颜色，例如：霓虹色、亮红、亮蓝等。颜色的使用往往不拘一格，充满了创新和活力。色彩的对比通常也非常强烈，例如：黑白对比、亮色与暗色对比等。

异形的几何设计。孟菲斯风格的室内设计常常使用各种各样的几何图案，例如：圆形、方形、三角形等，并且善于以一种非传统的方式对其进行组合。使得图形往往被扭曲、拉伸或重叠，创建出一种动态有趣

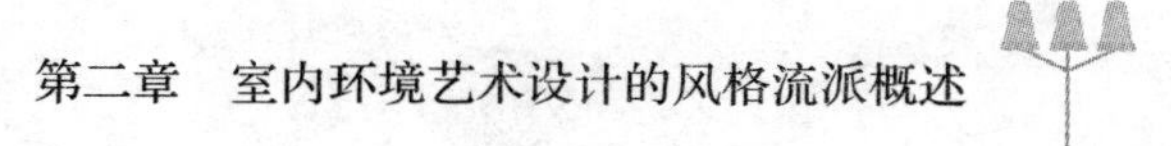

的视觉效果。

鲜明的装饰性元素。孟菲斯风格的室内设计中所选用的装饰元素往往很夸张。这些元素可以是图案、纹理、材料等，它们经常被以一种不可预见的方式结合在一起，增加了设计的复杂性和趣味性。

跨越风格边界。孟菲斯风格的室内设计中常常混合各种不同的风格和元素，例如：现代与传统，功能性与装饰性，极简与复杂等。这种跨界的设计方式让孟菲斯风格具有了一种独特的美感。

对比和不对称。孟菲斯风格的设计往往具有强烈的对比感和不对称感。无论是色彩、形状或布局，设计师都喜欢用对比和不对称来打破平衡，创造出一种新奇和动态的视觉效果。

使用多种材料。孟菲斯风格的室内设计在材料的选择上也十分开放和大胆，从传统的木头、金属到现代的塑料、玻璃，甚至是一些新型的材料，都可能在设计中看到。这种多元化的材料使用进一步增加了设计的丰富性和创新性。

幽默感和趣味性。孟菲斯风格的室内设计常常充满了幽默感和趣味性。设计师往往用一种轻松、嬉皮的方式来表达他们的设计理念，让人在欣赏设计的同时，也能感受到乐趣和愉悦。

第三章　室内色彩设计

第一节　色彩基础知识

一、色彩相关概念

色彩是人类感知的一种光的属性，色彩不仅是美学的重要组成部分，还在科学、艺术、文化等领域中起着重要作用。色彩在室内设计中扮演着非常重要的角色，因为它不仅影响着人们的情感和心理状态，还能够调整空间的比例和氛围。在研究室内色彩设计的内容之前，先要对色彩的基本理论知识进行研究与界定。

（一）色彩的定义与特征

在人类物质生活和精神生活发展的过程中，色彩始终焕发着神奇的魅力。人们不仅发现、观察、创造、欣赏着绚丽缤纷的色彩世界，还通过时代的变迁不断深化着对色彩的认识和运用。

1. 色彩的定义

人们对色彩的认识、运用过程是从感性升华到理性的过程。所谓理

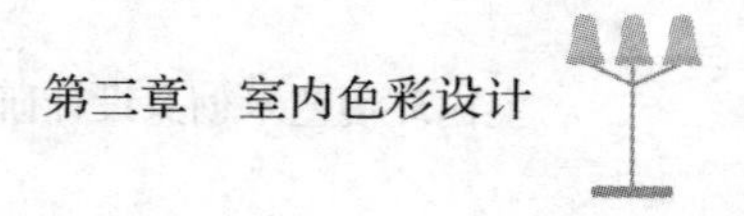

性色彩，就是借助人所独具的判断、推理、演绎等抽象思维能力，将从大自然中直接感受到的纷繁复杂的色彩印象予以规律性的揭示，从而形成色彩的理论和法则，并运用于色彩实践。

关于色彩的定义，本书认为色彩是通过眼、脑和人们的生活经验所产生的一种对光的视觉效应。人对颜色的感觉不仅仅由光的物理性质所决定，例如：人类对颜色的感觉往往受周围颜色的影响。有时人们也将物质产生不同颜色的物理特性直接称为颜色。

不同的颜色具有不同的情感、文化、历史和象征意义。例如：在我国一般红色代表热情、喜庆和爱情，黑色代表沉静、神秘和权威等。色彩的选择和搭配可以影响人们的情感和心理状态，还可以调整空间的比例和氛围，是室内设计、平面设计和品牌设计中不可或缺的一部分。

2. 色彩的特性

色彩的特性为相对性、个体性、透视性、互补性（如图 3-1 所示）。

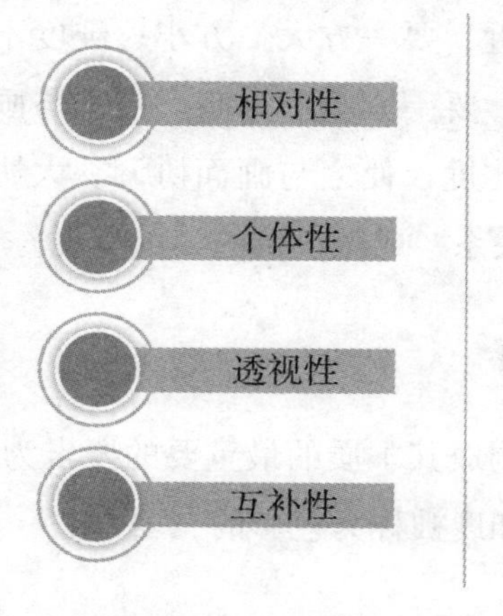

图 3-1 色彩的特性

（1）色彩的相对性。色彩没有绝对值，必须排除对色彩概念化的认定。任何一种颜色都是相对的，只能在与其他颜色的比较中，相对确定其具体性。色彩的相对性，在灰色领域更加明显，对不同灰色的区分能力以及对灰色的感受能力决定了一个人对色彩的掌握程度。

（2）色彩的个体性。同一景物，不同的人会有不同的色彩感受，形成不同的色调。色调就是色彩个性化特征的直观体现。例如：美术生在风景写生时用笔铺色，快速捕捉色彩带给人的第一印象，画出自己的色彩感受，这种感受是个体性的，鲜活的，也是动人的。

（3）色彩的透视性。景物的层次非常丰富，要在有限的画面上表现出深远感，就必须注意空间层次的表现。表现空间层次，除了要正确处理画面中的形体透视外，还要处理好空气透视。例如：在风景写生时要充分利用色彩的透视性表现空间层次：近景应处理的概括简约，中景应表现得对比强烈、具体丰富，远景则应表现得概括模糊。

（4）色彩的互补性。同一物体，在不同的光源照射下，会呈现出不同的色彩状态，这些不同的色彩状态有个共同特点，就是物体受光部和背光部色彩会呈现互补关系。明白色彩的互补性，合理地运用色彩对比，才能使色彩极具表现力。但也应注意，对比要有度，一般情况下，互补颜色双方面积不能相近，要一方大一方小；纯度不能相近，要一方纯一方灰；明度不能相近，要一方亮一方暗。对于与画面冲突的色彩，要进行适当处理，降低对比度，使之与画面协调。大协调小对比，才能形成既对比又协调的色彩关系，成就色调的完美呈现。

（二）色彩的要素

对于色彩而言，构成其本质的最重要的要素为色相、明度和饱和度，因此色相、明度和饱和度被称为色彩的三要素。

1. 色相

是指颜色在光谱中的位置，也可以理解为颜色的种类或品种。在色相环中，不同的颜色按照光谱的顺序排列，可以将其分为红、橙、黄、绿、青、蓝、紫七种基本颜色，每个颜色都有不同的色相角度。

2. 明度

是指颜色的亮度或暗度，它与光源的强度、反射率和透射率等因素

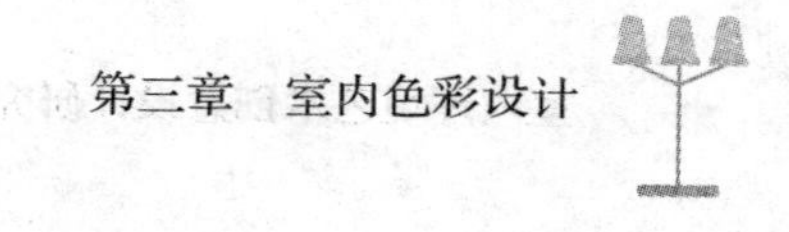

有关。较高的明度表示颜色较为明亮，较低的明度则表示颜色较为暗淡。

3. 饱和度

是指颜色的纯度或强度，表示颜色中所含色彩的强度和浓度。较高的饱和度表示颜色较为鲜艳、明亮、强烈，较低的饱和度则表示颜色较为柔和、淡雅、灰暗。

这三个要素相互作用，共同构成了各种颜色，它们的变化和组合可以产生无数的颜色和色彩效果。例如：红色的明度为60，饱和度为80，表示一种比较明亮而且比较鲜艳的红色。类似的，不同的组合可以产生不同的颜色和色彩效果。在视觉设计和色彩应用中，了解和掌握色彩的三要素是非常重要的。

（三）色彩的类别

色彩与人们的生活息息相关，按照不同的划分标准或划分依据，可将色彩分成多种不同的类别。

1. 按照名称

将颜色按照名称进行分类是最常见和直观的方式，也是人们最容易理解和记忆的分类方式。主要包括红色系、橙色系、黄色系、绿色系、蓝色系、紫色系、灰色系、黑白系等，不同的色系内包含不同的颜色。

2. 按照饱和度

将颜色按照纯度和深浅程度进行分类，可分成鲜艳色系、柔和色系、暗淡色系、浅色系、深色系、中性色系等。

3. 按照亮度

将颜色按照明暗程度进行分类，可分成高明度色系、中明度色系、低明度色系、浅色系、深色系、中性色系等。

4. 按照颜色温度

将颜色按照冷暖程度进行分类，可分为冷色调和暖色调，例如：如蓝色和绿色为冷色调，红色和黄色为暖色调。

5. 按照色相环

将颜色按照色相环的分布进行分类，可分成以下几类：

（1）红黄色系。这些颜色都分布在色相环的红色和黄色之间，如橙色、黄橙色、橙红色等。

（2）绿色系。这些颜色分布在色相环的绿色部分，如草绿色、橄榄绿、薄荷绿等。

（3）蓝色系。这些颜色分布在色相环的蓝色部分，如天蓝色、藏蓝色、宝蓝色等。

（4）紫色系。这些颜色分布在色相环的紫色部分，如紫罗兰色、浅紫色、深紫色等。

（5）黑白灰色系。这些颜色不属于明显的色相，例如：黑色、白色、灰色、银灰色等。它们可以用来中和其他颜色，调节色彩的明度和饱和度。

6. 按照三原色

将颜色按照三原色进行分类，可分为红色、绿色、蓝色。

7. 按照彩虹光谱

彩虹光谱包括红、橙、黄、绿、蓝、靛、紫七个颜色。将颜色按照彩虹光谱的颜色分布进行分类，可分为以下几类：

（1）红色系。这些颜色分布在彩虹光谱的最左侧，从红色到橙色的颜色范围，例如：红色、粉红色、橙色等。

（2）黄色系。这些颜色分布在彩虹光谱的中间部分，从黄色到绿色的颜色范围，例如：黄色、柠檬黄色、草绿色等。

（3）蓝色系。这些颜色分布在彩虹光谱的右侧，从靛蓝色到紫色的颜色范围，例如：蓝色、湖蓝色、紫色等。

（4）绿色系。这些颜色分布在黄色系和蓝色系之间，例如：浅绿色、深绿色、墨绿色等。

（5）橙色系。这些颜色分布在红色系和黄色系之间，例如：橘色、柿子橙、杏色等。

（6）靛色系。这些颜色分布在蓝色系和紫色系之间，例如：靛蓝色、宝蓝色等。

（7）紫色系。这些颜色分布在蓝色系和红色系之间，例如：紫罗兰色、淡紫色、深紫色等。

8. 按照色彩搭配

将颜色按照它们之间的关系进行分类，可分为以下几类：

（1）互补色。互补色是指在色相环上相对的两种颜色，例如：红色和绿色、黄色和紫色等。互补色可以产生强烈的对比和张力，使用得当可以营造出明快活泼或高贵典雅的视觉效果。

（2）类比色。类比色是指在色相环上相邻的三种颜色，例如：黄色、橙色和红色。类比色在搭配时具有柔和和谐的效果，可以用于表达温暖和舒适的氛围。

（3）单色调。单色调是指只使用一种颜色，只在明度和饱和度上做调整而形成的色调。单色调具有简洁大气、清晰明了的特点，也可以通过不同的色度差异来表达层次感。

（4）对比色。对比色是指明度、饱和度和色相相反的两种颜色，例如：黑白、红绿、黄蓝等。对比色搭配有极强的视觉冲击力和对比效果，可以强调主题和重点。

（5）渐变色。渐变色是指两种或多种颜色通过平滑地过渡形成的渐变效果。渐变色具有柔和、温暖的感觉，常用于表现平静的情绪。

9. 按照文化和历史

不同文化和历史时期的人们对颜色的内涵有不同的理解和表达。例如：在中国传统文化中，红色象征喜庆和吉祥，而在西方文化中，红色则多与爱情和危险相联系。

10. 按照心理效应

颜色可以对人们的情感、认知和行为产生不同的影响。例如：红色可以激发人们的兴奋和热情，而蓝色可以带来冷静和放松的效果。因此，在设计中选择合适的颜色可以更好地传达信息。

（1）暖色调包括红色、橙色、黄色等，这些颜色能够激发人的情感、刺激思维，增加人的活力和热情。

（2）冷色调包括蓝色、绿色、紫色等，这些颜色能够给人带来平静、安宁和放松的感觉，减轻人的压力和紧张情绪。

（3）中性色调包括灰色、米色、棕色等，这些颜色能够帮助人们稳定情绪，倾诉平复心情，也可以起到中和其他颜色的明度和饱和度的效果。

（4）饱和色调包括鲜艳的红色、黄色等，这些颜色能够激发人的兴奋感，增强人的注意力和警觉性。

（5）淡色调包括粉色、淡蓝色等，这些颜色给人以舒适、温馨的感觉，能够减轻人的压力和紧张情绪。

（6）暗色调包括深蓝色、深紫色等，这些颜色给人以稳定、深沉的感觉，适用于营造庄重、专业、高贵的氛围。

二、色彩搭配

色彩搭配是指将不同颜色进行组合和搭配，以达到美学、视觉效果和情感表达等目的。

色彩搭配具有现实的意义与价值，例如：美学价值、情感意义、品牌价值等。首先，色彩搭配能够产生美学上的价值，增加作品的视觉吸引力和艺术感染力。通过合理的色彩搭配，可以使作品更加具有美感和艺术价值。其次，合理的色彩搭配能够表达出特定的情感和情绪。例如：红色可以表达出激情和热烈的情感，蓝色可以表达出冷静和理性的情感。最后，合理的色彩搭配能够提升品牌的辨识度和品牌形象，使品牌更具特色和魅力，从而帮助品牌赢得更多的用户和市场份额。

（一）色彩搭配的原则

色彩搭配需要遵循特定的原则，主要包括对比原则、协调原则、重复原则、渐变原则等。

1. 对比原则

对比原则是指使用的颜色之间能够形成明显的对比，以强化视觉效果。常用的对比方式包括互补色对比、明度对比、饱和度对比和色相对比等。

2. 协调原则

协调原则是指不同的颜色相组合要呈现和谐、整体的效果，以使设计作品更具美感和视觉吸引力。常用的协调方式包括同色系搭配、三色搭配等。

3. 重复原则

重复原则是指将一个或多个颜色进行反复运用，以形成视觉上的统一。通过反复使用同样的颜色，能够增强设计的重点。

4. 渐变原则

渐变原则是指将颜色逐渐转变，形成渐变的视觉效果。常用的渐变方式包括颜色渐变和明度渐变等。

（二）色彩搭配对于室内设计的积极影响

色彩搭配可以将室内空间进行合理地分隔。色彩搭配可以通过墙面、地面、天花板等元素的颜色变化，将不同的区域进行分隔。例如：在客厅的室内设计中，可以通过颜色的变化来区分休息区和餐饮区。休息区域可以选用明亮、清新的颜色来营造出轻松、愉悦的氛围，而餐饮区则可以选用温暖、柔和的颜色来营造出温馨、舒适的氛围。色彩搭配还可以通过对比的方式，突出不同区域的功能和特点。例如：在书房的室内设计中，可以通过墙面和地面颜色的对比来突出书桌的位置和功能，让书桌成为空间的重要元素，同时也为用户提供了良好的学习和工作体验。色彩搭配还可以在空间中创造出层次感和纵深感，使空间更加丰富和有趣。在玄关的室内设计中，可以选用深色或对比强烈的颜色来营造出层

次感和纵深感，使空间更立体。

色彩搭配可以为室内空间营造出特定的氛围，不同的色彩搭配可以表达不同的情感。浅色系的搭配通常会营造出轻松、温馨、舒适的氛围，例如：采用米白色、淡粉色、淡黄色等颜色的搭配可以让人感觉到温暖、柔和、舒适。这样的搭配适用于家居空间，例如：卧室、客厅等空间。而深色系的搭配则通常会营造出高贵、优雅、神秘的氛围，例如：采用深灰色、深蓝色、黑色等颜色的搭配可以让人感觉到庄重、深沉、高贵。这样的搭配适用于一些高端商业场所或者豪华住宅，例如：会所、高端酒店等。此外，色彩搭配还可以视空间风格而定。例如：简约风格的室内设计通常会采用黑白灰色、原木色等颜色的搭配，以简洁、大方的空间布局传达出质朴、简约的感觉；而现代风格的室内设计则通常用明亮的颜色、流线型的家具、不对称的空间布局等方式，以传递出时尚、现代的氛围。

色彩搭配可以影响室内灯光的效果，灯光和色彩的合理运用可以提升室内空间的温馨度和舒适度。灯光色调可以根据墙面、家具、地面等元素的颜色来进行选择。例如：暖色系的墙面可以与暖色调的灯光搭配，营造出温馨、舒适的氛围。而冷色系的墙面则适合与冷色调的灯光搭配，能够营造出清新、凉爽的感觉。具体而言，在餐厅的室内设计中，可以使用柔和的灯光和暖色调的墙面、家具等元素进行搭配，创造出温馨、浪漫的用餐氛围；而在工作室的室内设计中，则可以使用明亮的灯光和清新的颜色进行搭配，创造出清爽、舒适的工作氛围。此外，还可以通过对灯光的角度、方向等进行调整，进一步优化空间的效果。例如：在客厅的室内设计中，可以在墙面上设置适当的灯带，提升墙面的层次感和纹理感；在书房的室内设计中，则可以选用可调节的台灯和吊灯，提高工作和学习的舒适度和效率。

色彩搭配可以调节室内空间不同区域的比例，不同明度和饱和度的同种颜色搭配可以在视觉上改变室内空间的大小。较浅的颜色通常会让人感觉空间更加开阔，而较深的颜色则会让空间显得更加狭小。颜色的饱和度也会影响人们对空间大小的感知，颜色的饱和度越高，空间看起来就越小，反之则越大。因此，在进行色彩搭配时，需要考虑室内空间的大小和比例，选择合适的颜色和色彩搭配方案，以达到营造理想空间的目的。例如：在小空间的室内设计中，可以选用浅色调的颜色，或者使用亮度较高的颜色，以增加空间感；而在较大空间的室内设计中，则可以采用较深的颜色或者饱和度较高的颜色搭配，以缩小空间感。色彩搭配还可以通过对比和配合的方式，营造出多层次、多维度的空间效果。例如：在客厅的室内设计中，可以使用深色的墙面和浅色的家具进行搭配，营造出深邃、有层次感的空间效果；而在餐厅的室内设计中，则可以使用对比强烈的颜色进行搭配，营造出有趣、有活力的空间氛围。

三、色彩心理学

色彩心理学是研究色彩对人类心理、行为和情感的影响的学科。色彩心理学的应用广泛，例如：广告、设计、营销等方面。色彩选择可以对消费者产生巨大的影响，能够帮助人们更好地了解颜色对人类情感、行为和心理状态所产生的影响。

（一）色彩心理学的定义

目前，关于色彩与人类心理关系的研究越来越多，色彩心理学也应运而生。虽然目前色彩心理学还没有被“心理学家族”正式接纳，但是色彩对人类心理存在的影响是客观的，而且这门学问也已经开始用于解决现实生活中人们出现的心理问题。不同年代、不同意识形态、不同领域的人们可能有着不同的颜色喜好，但是人类共有的生理机制和类似的外部刺激，使得色彩对人类心理产生的作用其实是大同小异的。这也为了解一个人的内心提供了突破口，让人们可以通过颜色读懂他人的心理。

在色彩心理学中，不同颜色通常与不同的情感和行为相关联。例如：红色通常与激情、活力和力量相关联；蓝色通常与冷静、信任和稳定相关联；绿色通常与平静、自然和健康相关联；黄色通常与快乐、创意和乐观相关联；紫色通常与神秘、奢华和独立相关联；粉色通常与温暖、浪漫和幸福相关联；黑色通常与权威、神秘和稳定相关联；白色通常与纯洁、干净和清新相关联；可见，不同颜色由于其不同的要素特性，对人类的心理和情绪会产生不同的影响。

（二）色彩心理学的特性

色彩心理学的特性包括个体差异性、文化差异性、多样性、组合性、可塑性、应用性等。

1. 个体差异性

不同个体由于生长环境不同，所受到的外界影响不同，因而不同个体的心理也会存在差异，在这种差异的影响下，不同个体对于颜色的感知以及产生的情感反应都有所不同。

2. 文化差异性

不同文化背景的人对颜色的看法也有所不同，不同文化中，同种颜色可能具有不同的象征意义。

3. 多样性

颜色对人类情感和行为的影响可以通过多种方式反映出来，例如：生理反应、情感反应和认知影响等。

4. 组合性

颜色通常不是单独存在的，而是与其他颜色一起出现，这些颜色的组合方式也会影响人类的情感和行为。

5. 可塑性

人们对颜色产生的情感和行为反应并不是固定不变的，而是会受社会环境和自身阅历的影响。

6. 应用性

色彩心理学的研究成果在设计、广告、营销、医疗和其他领域中得

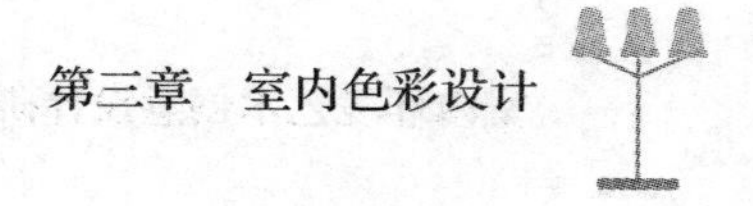

到广泛应用，可以用来优化产品、环境和服务，从而满足人们的需求和期望。

（三）色彩心理学的功能

当今社会，色彩心理学的功能和作用不断被人们发现。色彩心理学作为一门独立的学科，探究了颜色对人类情感、行为和心理状态产生的影响，对于优化设计、广告和营销等领域的实践应用，提高心理治疗效果，促进人类发展，以及加强人际沟通等方面都具有非常重要的意义。

在商业领域，色彩心理学可以帮助企业更好地运用颜色，增强产品的美观性，以吸引消费者的注意力，从而提高销售量和市场份额。在建筑和室内设计领域，色彩心理学可以帮助设计师更好地运用颜色，以提高建筑物和室内环境的舒适性、安全性和美观性。

在医学领域，色彩心理学可以帮助医生更好地运用颜色，以促进患者的病情恢复。例如：某些颜色的光线可以被用于治疗季节性情感障碍、睡眠问题和其他心理问题。此外，在儿童教育和成人培训领域，色彩心理学可以帮助教师和培训师更好地了解学生和学员的情感反应和行为反应能力，以更好地促进他们的学习和发展。

总之，色彩心理学在人类社会的不同领域都有着广泛的应用。它可以帮助人们更好地了解颜色对人类情感、行为和心理状态的影响，也为人们提供了一种利用色彩来调节情绪、改善认知和引导行为的方法。

第二节　室内色彩艺术设计的基本方法

一、室内色彩艺术设计的基本步骤

为了实现一个优雅、和谐和令人舒适的室内设计，设计师需要根据基本步骤进行相关设计。

（一）选择适当的色彩方案

在色彩方案的选择上，设计师应该考虑主色调、辅助色调、明度、饱和度等因素。主色调是整个房间的基础色调，可以用于墙壁和大型家具，而辅助色调则可以用于小型家具和饰品。明度和饱和度可以平衡色彩的效果。过于鲜艳的颜色可能会使房间显得刺眼，而过于暗淡的颜色则可能会使房间显得沉闷。因此，设计师需要在色彩方案的选择中平衡颜色的明度和饱和度，以创造出舒适和谐的室内环境。例如：设计师可以利用色彩搭配工具，从其提供的多种色彩搭配中找出搭配效果最好的颜色组合；也可以从自然界中汲取灵感选择主色调和辅助色调：蓝色和绿色可以从海洋和天空中获取，棕色和绿色可以从森林和树木中获取；还可以从艺术作品中获取灵感，例如：画作、摄影作品、设计书籍和杂志等，这些艺术作品中的色彩搭配也可以启发设计师选出合适的主色调和辅助色调。

（二）考虑不同色调颜色的使用

不同色调的颜色可以创造出不同的氛围和效果。例如：冷色调的颜色可以营造平静和冷静的氛围，而暖色调的颜色则可以给人带来温暖和活力的感觉。这种对色调的精心运用，可以使室内空间充满层次感。在设计过程中，设计师可以选用如下技巧和方法，包括利用色彩圆环、利用配色规则、利用自然环境、利用材质和纹理、利用灯光等。例如：使用纹理粗糙的材料，可以增强深色调颜色的表现力；使用表面光滑的材质，可以增强浅色调颜色的亮度；白色照明可以增强冷色调颜色的效果；而黄色照明可以增强暖色调颜色的效果。

（三）合理选用色彩搭配工具

色彩搭配工具可以帮助设计师找到搭配效果最好的颜色组合。目前

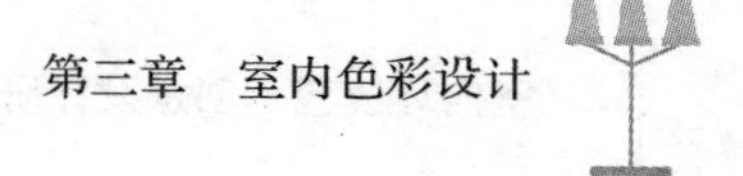

市面上的色彩搭配工具越来越多，比较常见的有 Adobe Color、Paletton、Color Hunt 等，设计师可以根据实际需求进行选择。

二、室内不同空间的色彩艺术设计

室内空间的色彩设计是一门涉及色彩、美学、心理学等多学科交叉的综合性设计学科。它的主要任务是通过色彩的运用来营造舒适、和谐、美观的室内环境。以下是对室内不同空间的不同色彩设计进行的具体论述：

（一）客厅的色彩设计

客厅是家庭活动和休闲的场所，也是接待宾客的场所，因此在客厅的色彩设计中，需要考虑其功能性和使用频率，以及家庭成员和常来宾客的喜好等因素。一般而言，客厅应给人温暖、明亮、舒适的感觉，因此可以选择米色、灰色、米白色、淡黄色等柔和的颜色作为主色调，再加入一些亮丽的色彩进行点缀，例如：红色、橙色等。同时，客厅的颜色搭配应当遵循相邻色、对比色、补色等基本原则，以达到色彩的平衡和协调。在考虑光线影响时，如果客厅的光线比较暗淡，则应当选用亮丽的颜色，以增加客厅亮度；如果客厅的光线比较强烈，则应当选用柔和的颜色，以降低客厅亮度。家具和装饰品颜色应当与墙面颜色相呼应，形成统一的整体效果。适当增加一些有特色的装饰品，例如：花瓶、画作等，可以增加客厅的艺术感和品位。同时，也要考虑到家庭成员的个人喜好，以满足他们的需求和要求。例如：在保持客厅颜色整体协调的前提下，可以适当地增加一些个性化元素，以体现家庭成员的个性和品位。

（二）卧室的色彩设计

卧室是一个重要的私人空间，应该根据个人喜好来选择颜色。一般来说，温暖、柔和、舒适的色调会更适合卧室。因此，蓝色系、绿色系、粉红色系、灰色系等将是最佳的卧室颜色选择。

在卧室的色彩设计中，首先，要确定卧室的主色调。设计师可以根据房间主人的喜好来选择主色调，也可以选择一些流行色调，例如：蓝色、绿色、粉红色或灰色等。在主色调的基础上，还可以搭配一些相近的颜色，例如：淡蓝色、浅灰色和白色等，形成一个色系。其次，选择一些能够提升卧室氛围的配色。例如：在床头摆放一些色彩明亮的花朵，或者挂上一幅充满艺术感的画等。此外，在窗帘、床单、地毯等配饰方面也要注意色彩搭配。如果卧室整体以灰色为主，可以选择白色、浅灰色等颜色的窗帘，这样能够营造出更舒适的氛围。最后，考虑光线对色彩的影响。卧室中光线的明暗度会影响色彩的呈现效果。所以在色彩选择过程中，要考虑卧室的光照条件，光线充足的卧室可以选择较深的颜色，反之则适合浅一些的颜色。

（三）厨房和餐厅的色彩设计

厨房和餐厅也家庭的重要场所。在进行厨房和餐厅的色彩设计时，需要将实用性与美观性结合。一组恰当的色彩搭配可以增强人们的食欲和烹饪的愉悦感，同时也能让人感受到空间的美感。例如：白色、灰色或米黄色等温暖的中性色调，能够让厨房和餐厅看起来宽敞整洁；深蓝色和土耳其蓝色能让厨房和餐厅看起来更加高级；而绿色这种让人倍感放松的颜色，运用到厨房和餐厅的装饰中，则能给人带来一种清爽的感觉。此外，搭配合适的餐桌椅、光线柔和的吊灯或者大小适中的窗户，更能增加厨房和餐厅空间的温馨氛围。

总之，当人们想要营造奢华和优雅的氛围时，可以选择深色的色调，例如：暗红色、葡萄紫色或深灰色等，并搭配金属或亮光面材质的灯具或餐桌椅等，以增添厨房和餐厅的整体质感。

当人们想要营造活力、愉悦的氛围时，可以选择颜色鲜艳的色彩，

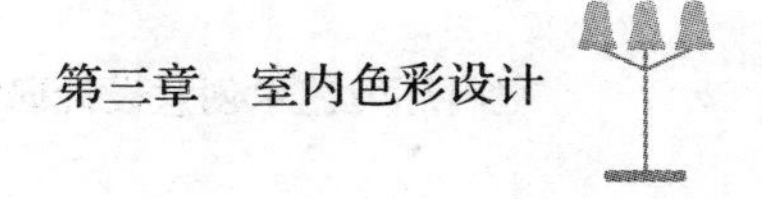

例如：橙色、黄色或红色等，并搭配明亮的灯光和鲜花等装饰，以增添厨房和餐厅的活泼感。

当人们想要营造温馨和舒适的氛围，可以选择淡雅的中性色调，例如：米白色、灰色或淡黄色等，并搭配一些舒适的布艺材质，例如：窗帘、餐桌布等，以增添厨房和餐厅的自然感。

综上所述，选择适合自己家庭的色彩方案，不仅能够为厨房和餐厅创造出独特的氛围和风格，更能够大幅提升生活的幸福感。

（四）浴室的色彩设计

在进行浴室的色彩设计时，要考虑的因素有很多，一般包括实用性、舒适性、防水性、耐用性，以及个人喜好和浴室的实际情况等。由于色彩会对人的心理产生影响，不同颜色的选择可以引起人们不同的心理和生理反应。不同文化背景下的颜色也有着不同的意义和象征，因而在浴室的色彩设计中，还要从色彩心理学、文化符号、空间设计等方面进行深入探讨。例如：在中国传统文化中，红色代表着喜庆和祝福，黄色则象征着财富和尊贵；而在西方文化中，蓝色代表着平静和冷静，红色则象征着热情和激情。因此，在浴室的色彩设计中，还需要考虑不同文化背景的人们对颜色的不同认知，避免文化冲突和文化不适应现象的发生。此外，在浴室的空间设计中，还需要考虑灯光、材质、纹理等因素。合适的灯光能够改变人们的视觉体验和心理状态，而高质量的材质则能够提高浴室的实用性和美观度。例如：选择石材、玻璃、金属等高端材质和精细纹理，能够为浴室带来一份豪华和高贵感；而选用植物、天然石材等自然材料则能够让浴室看起来更加简约。

第三节 室内色彩创意艺术设计

一、室内色彩创意艺术设计的基本流程

室内色彩创意设计与传统的室内色彩设计不同，室内色彩创意设计要在设计时加入更加丰富的创意与灵感，既要按照委托人的需求进行设计，同时也要彰显设计师特有的风格，总之，创意是该类设计的关键，对于设计师来讲，创新意识与创新能力都是不可或缺的。在进行室内色彩创意设计时，要按照以下流程进行：

（一）了解需求

设计师要预先了解客户需求，与客户或业主沟通，确定设计目标、空间用途、风格喜好、预算等。

第一，详细询问。在初次接触客户时，设计师需要对客户进行详细询问，询问内容包括他们的个人风格、空间用途、预算、色彩喜好、生活方式等。通过这些信息，设计师可以了解客户的基本需求。

第二，观察调查。设计师进行实地考察时，要观察和调查客户的生活环境和生活习惯。例如：客户常用的家具、装饰品、收纳习惯等。

第三，分析概括。设计师要对客户的基本情况进行分析和概括，将客户的需求整理为一个清晰、简洁的文档，以便在后续的设计过程中使用。

第四，提供方案。基于客户的需求和要求，设计师提供一个符合客户需求的设计方案。包括家具、照明和装饰品等元素的色彩方案，以实现客户的要求和预期效果。

（二）分析空间

设计师要进行空间分析。分析内容包括：分析空间的氛围，如墙面

颜色、家具材质等；明确空间用途，如客厅的用途可能是娱乐和会客，而卧室的用途则休息等；分析空间的流线，如家人流线、访客流线等，以合理规划室内布局。

（三）色彩实施

在了解顾客需求，并深入准确分析空间的基本情况与特性之后，要进行色彩实施，也就是将设计方案应用到实际空间中的过程。要对墙面涂料、地面材料、家居饰品、窗帘窗户、灯光照明等加以确定。例如：要仔细检查涂层的均匀性和质量；要通过地面材料凸显地板的质感；要让家居饰品的颜色与墙面和地板相匹配；要选择合适的灯具，选择合适的灯光颜色、亮度和位置，以实现理想的照明效果，等等。

二、室内色彩创意艺术设计的信息应用

室内色彩创意设计可以巧妙借鉴和利用信息技术，在新时代信息技术的加持下，色彩设计能够取得更大的突破。

（一）室内色彩创意艺术设计与信息技术结合的意义与价值

大体来讲，室内色彩创意设计与信息化技术结合的意义和价值在于提高设计效率、增强设计体验、提升设计品质和拓展设计市场。

具体来讲，其意义与价值体现在以下方面：第一，提高设计效率。信息化技术可以提供更快速的设计工具和平台。例如：使用 CAD 软件可以将设计过程自动化，减少手工操作和错误率；使用色彩分析软件和配色工具可以快速确定合适的颜色方案；使用网络社区和数据库可以更快地获取和分享设计资源和知识。第二，增强设计体验。信息化技术可以为客户提供更真实的设计体验。VR 技术是如今比较新型的技术之一，使用 VR 技术可以让客户亲身体验室内设计效果，更好地理解设计师的想法。第三，提升设计品质。新型技术手段可帮助设计师更准确、更系统

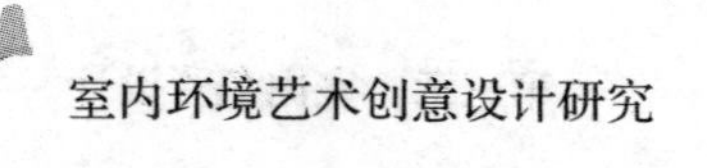

地分析和评估设计方案。例如：使用色彩分析软件可以了解不同颜色的情感和文化意义，等等。第四，拓展设计市场。信息化技术可以为设计师提供更加广阔的设计市场。

（二）室内色彩创意艺术设计与信息技术结合的路径与举措

室内色彩创意设计与信息技术结合的过程中，需要新型技术与新兴软件的“助力”，从而获得充足的发展动力。

人们所熟知的CAD软件、VR技术、网络平台、AR技术、3D打印、智能家居等都是具有很强可行性的软件和技术，可以为设计师提供更多的灵感与选择。

1. CAD软件

设计师在使用CAD软件时，可以创建完整的室内设计模型和图纸，以便客户能够更好地预览其设计方案。这些软件还可以提供可视化的配色功能，让设计师选择和应用各种鲜艳、深沉或柔和的色彩来补充其设计。例如：在一个现代化而明亮的家庭客厅的设计中，使用明亮的颜色可以营造一个充满活力的氛围；而在一个舒适的卧室中，使用柔和的颜色则可以创造出一个放松和安逸的氛围。

除了配色功能，CAD软件还可以模拟各种光线条件，帮助设计师更好地预测色彩在不同光线环境下的表现效果。CAD软件还可以提供高级工具，例如：材质编辑器和纹理处理器，帮助设计师进行更加细致的色彩选择。

2. VR技术

VR技术是当今室内设计领域的一个革命性工具，它可以在设计阶段提供更加真实的设计体验。设计师戴上VR头盔，就仿佛进入了一个虚拟世界，可以轻松地走进虚拟房间并对其进行调整和改变。设计师可以通过这种技术来模拟真实的室内环境，对墙壁、家具和其他元素进行颜色选择和调整，以便更好地预览和调整设计方案。

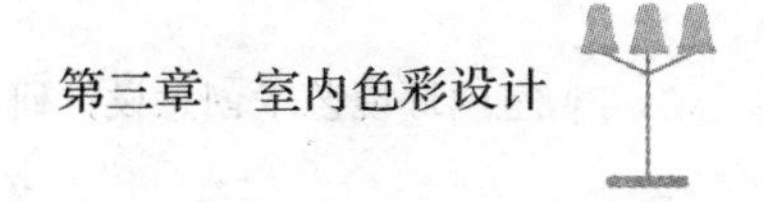

VR 技术的使用不仅可以提高设计师的效率，而且还可以让客户更好地理解设计师的想法。设计师可以为客户演示不同的设计方案和颜色选择，使客户能够更深入地理解和评估设计方案的优点和缺点。这种交互性的演示还可以促进客户与设计师之间的沟通和合作，提高设计方案的质量和客户的满意度。

VR 技术还可以为设计师提供更多的创造性。在虚拟的现实环境中，设计师可以更加自由地测试和实验各种颜色和设计方案，以便发掘出最佳的设计方案。这种自由度和创造性还可以鼓励设计师在设计过程中不断创新和探索，使室内设计更加新颖。

3. 网络平台

随着信息技术的不断发展，越来越多的在线室内设计平台，如 Houzz、Homestyler 等应运而生，为设计师和普通用户提供了一个全新的交互平台，使得室内设计更加开放化。这些平台通常具有直观的用户界面，可以让用户轻松选择和应用各种各样的颜色来实现自己的设计理念。

通过这些在线平台，用户不仅可以轻松创建和分享自己的设计想法，还可以从其他用户和设计师的灵感中得到启发。这种互动性可以极大地丰富用户的室内设计体验，并鼓励人们更加积极地探索和实践设计想法。

除了上述功能之外，这些平台还提供了一系列其他辅助功能，如 3D 模拟、实时交流和设计师支持等，这些功能可以让设计师和客户高效协作，最终实现设计目标。例如：设计师可以在平台上与客户进行实时交流，共同完成设计方案的细节，以实现最佳的设计效果。

4. AR 技术

现代室内设计不仅注重美观和实用性，而且越来越注重客户的参与度。为了满足这一需求，增强现实（AR）技术已经成为一个越来越流行的设计工具。这种技术将虚拟元素与真实世界结合起来，为设计师和客户提供了一种更加创新、生动和个性化的室内设计体验。

AR 技术的应用领域非常广泛，它可以让客户使用智能手机或平板电

脑扫描房间，并在屏幕上查看添加到房间中的虚拟家具和其他元素。设计师可以通过这种技术来演示颜色方案，并与客户共同决定最终的颜色选择。此外，AR 技术还可以模拟不同光照条件下的颜色效果，让客户更好地理解不同颜色方案的优点和缺点，以便做出最佳的决策。AR 技术不仅提供了更好的设计体验，而且还可以极大地提高室内设计的效率。设计师可以使用 AR 技术来预览和调整不同的设计方案和颜色选择。

第四章　室内照明设计

第一节　照明基础知识

一、照明相关概念

照明是室内设计不可或缺的关键环节，优秀的设计师往往能够根据实际情况巧妙运用灯光，取得充满艺术氛围的照明效果。在研究室内照明设计及其创意发展之前，先要对照明的相关概念进行界定，以便人们更加清晰地了解相关知识。

（一）照明的定义

照明，即利用光源使环境或对象被照亮的过程，是一种为了满足人类视觉需求而采用的技术手段。在室内设计领域中，照明是一项至关重要的工作，它不仅能够提供足够的光照，还可以通过光的颜色、方向、强度等要素，创造出各种不同的氛围和效果，使人们能够更好地适应室内环境。所以照明不仅仅是一种简单的光源使用技术，更是一种兼具美学、心理学、工程学等多学科综合的复杂艺术，旨在为人类创造更舒适、

更健康、更高效的室内环境。

为了实现以上各种照明效果，照明设计师需要掌握多项技术和知识。例如：照明设计师需要了解不同光源的特点和适用范围，包括白炽灯、荧光灯、LED 灯等。他们还需要对不同的照明方式和效果有深入的了解，例如：直接照明、间接照明、局部照明、全室照明等。

此外，照明设计师还需要掌握照度、亮度、颜色温度等物理参数的测量和计算方法，以及各种照明设备的型号、安装和调试方法等。

（二）照明的历史与发展

照明作为人类文明发展的一部分，有着悠久的历史。人类最初使用火把、蜡烛等照明工具来解决夜间活动的问题。在古代，人们使用油灯、煤油灯、酥油灯等照明工具，这些照明工具的原理是利用可燃物燃烧产生火焰，从而发出光亮。这种照明方式存在安全隐患、耗材较多、使用寿命短，不利于照明技术的长期发展。

19 世纪，照明技术迎来了重大的发展。英国发明家约瑟夫·斯旺（Joseph Swan）和美国发明家托马斯·阿尔瓦·爱迪生（Thomas Alva Edison）发明了白炽灯，彻底改变了人们的照明方式。白炽灯的原理是利用电流通过灯丝加热，产生可见光，具有安全可靠、使用寿命长、耗能低等优点。白炽灯的发明，开启了照明技术的新时代，也为后来的照明技术的发展提供了基础。

20 世纪初，随着照明技术的不断发展，荧光灯、气体放电灯等新型光源相继问世。荧光灯采用气体放电和荧光粉的组合来产生光线，具有高效节能、使用寿命长等优点，广泛应用于室内照明。气体放电灯是利用气体放电产生的光源，具有光效高、寿命长、颜色温度稳定等特点，主要用于室外照明和特殊照明场合。

20 世纪 60 年代，美国通用电气公司的尼克·霍洛尼亚克（Nick Holonyak）发明了可以发出红色可见光的 LED，开启了 LED 技术的研发之路。20世纪70年代，研究人员开始探索其他颜色的LED灯，黄色和绿色LED灯相继出现。

20世纪90年代，随着蓝色LED灯的问世，LED技术开始被广泛应用于照明领域。日本研究人员中村修二发明了蓝色LED灯，解决了LED灯产生白光的问题，从而推动了LED灯的发展和应用。

21世纪初，LED技术取得了重大进展。随着发光二极管技术的发展和普及，LED灯的使用寿命和亮度得到了显著提高。此外，LED灯的颜色温度和色彩饱和度也得到了进一步优化，可以满足不同照明场合的需要。近年来，随着LED技术的发展，LED灯逐渐成为照明领域的新宠。如今LED技术已经成为照明领域的主流技术，其在室内照明、室外照明、汽车照明、舞台照明等领域都得到广泛应用。

（三）照明的分类

照明可以按照不同的标准进行分类，以下是常见的几种分类方式：

1. 按照照明方式分类

按照照明方式分类，可以分为直接照明和间接照明。直接照明是指光源直接投射到需要光源的工作面上，以照亮工作区域或其他需要照明的区域。间接照明是指将光源照射到天花板或墙壁等物体上，再将反射光照亮工作区域或其他需要照明的区域。

2. 按照光源类型分类

按照光源类型分类，可以分为白炽灯、荧光灯、LED灯等。不同的光源具有不同的特点和优缺点，可根据需要选择适当的光源。

3. 按照照明用途分类

按照照明用途分类，可以分为室内照明和室外照明。室内照明包括家庭照明、商业照明、工业照明等；室外照明包括路灯照明、景观照明、广告照明等。

4. 按照照明控制方式分类

按照照明控制方式分类，可以分为手动控制和自动控制。手动控制是指通过手动操作灯具开关、调节灯具亮度等来实现照明控制；自动控制是指通过传感器、定时器、智能控制系统等技术实现照明自动控制，自动控制可以提高照明效率、促进节能减排等。

5. 按照照明特点分类

按照照明特点分类，可以分为一般照明、局部照明、情景照明等。一般照明是指对整个区域进行均匀照明，以满足基本照明需求；局部照明是指对某个具体区域进行特殊照明，以满足特定需求；情景照明是指根据不同场景的需要选择不同的照明方案，营造不同的氛围和效果。

6. 按照照明色温分类

按照照明色温分类，可以分为暖色调照明、中性色调照明和冷色调照明。暖色调照明一般使用色温在 2700K 以下的光源，可以营造出舒适、温馨的氛围；中性色调照明使用色温在 2700 ～ 4000K 的光源，适用于一般的照明场合；冷色调照明使用色温在 4000K 以上的光源，适用于需要清晰、明亮光线的照明场合。

7. 按照照明色彩分类

按照照明色彩分类，可以分为单色照明和多色照明。单色照明一般指单色光源，例如：白炽灯、荧光灯等；多色照明一般指可以呈现多种颜色的光源，如 LED 灯等。

二、照明设备介绍

照明设备是指用于产生光源的各种设备和器材。根据不同的用途和需求，照明设备的类型也有所不同。

照明设备介绍（如图 4–1 所示）。

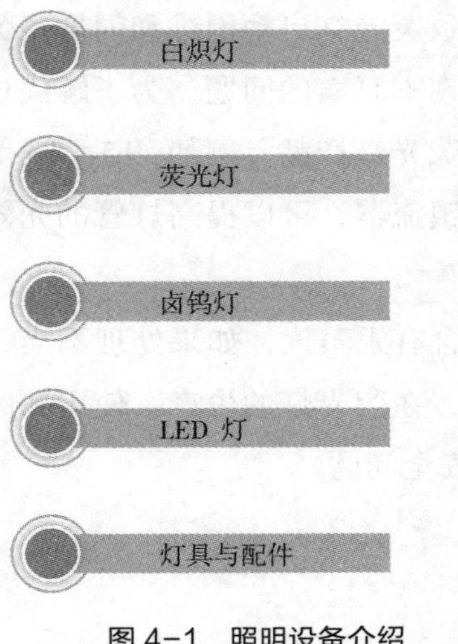

图 4-1　照明设备介绍

（一）白炽灯

白炽灯是一种传统的光源，采用钨丝加热发光的原理。在白炽灯中，电流通过钨丝，使钨丝加热并发出可见光。白炽灯的光谱分布广泛，能够产生自然柔和的黄色光，使人感到温暖舒适。

然而，白炽灯的能效比较低，只有 5 ～ 10%，大量的电能转化为热能，而非光能，造成能源浪费。此外，白炽灯使用寿命相对较短，通常只能使用 1,000 ～ 2,000 小时左右。由于其能效低、寿命短，白炽灯逐渐被其他更节能的光源所替代。

（二）荧光灯

荧光灯是一种典型的高能效光源，能够在较低的功率下产生更多的光。它的光谱分布比较均匀，可以产生自然柔和的白色光。此外，荧光灯通常可使用数万小时，相较于白炽灯来说，使用寿命更长。因此，荧光灯广泛应用于室内照明，例如：学校、商场、办公室等场所。

然而，荧光灯也有其缺点。荧光灯的启动需要较高的电压，如果电源电压不稳定，可能导致荧光灯启动困难和闪烁。荧光灯常常会发出噪声，同时还存在颜色呈现不真实的问题。为了解决这些问题，照明设备制造商推出了更先进的荧光灯产品，例如：T5、T8 等高效荧光灯，使用了更小、更节能的电子镇流器，可以提高灯管的光效和寿命，同时减少噪声和闪烁的问题。

另外，荧光灯内部含有汞蒸汽，如果处理不当，有可能对环境和人体健康造成危害。因此，在荧光灯的生产、使用和废弃处理过程中，需要特别注意环境保护和安全问题。

（三）卤钨灯

卤钨灯是一种以卤素为填充物，使用钨丝加热并发光的光源。卤钨灯与白炽灯相比，其光效更高，寿命更长。卤钨灯的灯泡内部充满了氙、氩等稀有气体和一些卤素，例如：碘、溴等。这些卤素蒸发后会和钨丝上的钨原子结合成卤化钨，从而延长钨丝的寿命，同时也使得灯泡内的气体能更有效地转化为光。卤钨灯的光谱分布相对较窄，可以产生自然的白色光，不会像白炽灯那样产生过多的红色光谱，使得物体的颜色呈现更真实自然。

卤钨灯具有较高的能效，通常能达到 20 ～ 40% 左右，因此在一些需要高亮度、高效率、长寿命的场合，例如：演播室、大型商场、展览厅、体育场馆等，广泛使用卤钨灯。卤钨灯还可以通过改变钨丝的形状和位置，实现不同的光束角度和光输出效果，适用于不同的照明需求。

然而，卤钨灯也存在一些问题，例如：较高的温度和功耗、较高的价格和较长的预热时间等。此外，由于灯泡内部充满了卤素，需要特别注意灯泡损坏后卤素的泄漏问题，同时也需要特别注意废旧卤钨灯的回收和处理问题。为了解决这些问题，照明设备制造商也在不断研发新型的卤钨灯，例如：更小巧、更节能、更耐用的卤钨灯产品。

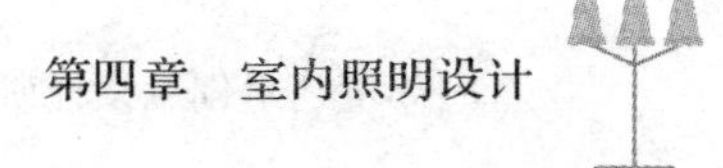

（四）LED 灯

LED 灯作为一种新兴的半导体照明光源，具有高效、环保、寿命长等诸多优势，已经成为现代照明行业中备受关注的重要光源之一。LED 灯利用电子发光原理将电能转化为光能，通过半导体材料的能量释放来实现光源的照明作用。不仅具有高光效、低能量损耗等优点，而且还具有不易受环境温度、频繁开关等因素影响的长寿命特点。

相比传统的照明设备，LED 灯具有更多的优势。首先，其高效的光能转化率，能够将更多的电能转化为光能，从而实现更高效的照明。其次，LED 灯具有较长的使用寿命，能够达到数万小时以上，极大地降低了更换灯具的频率和费用。此外，LED 灯还具有抗震特点，可以适应各种复杂环境的照明需求。在室内照明方面，LED 灯可以通过调节颜色温度和亮度等参数，实现柔和的照明效果，从而提高室内照明质量和舒适度。

（五）灯具与配件

灯具和配件是室内照明系统中不可或缺的组成部分，对于照明效果和使用寿命都有至关重要的影响。

灯具作为安装光源的设备，包括灯座、灯头、灯罩等部分，其设计和材质选择不仅可以影响光源的亮度和色彩呈现效果，还可以对室内照明的风格和氛围产生重要的影响。不同类型的灯具适用于不同的照明需求和场景，例如：吊灯适用于室内居室、餐厅等大空间，而壁灯适用于走廊、过道、卫生间等局部空间。在选择灯具时，需要综合考虑大小、形状、颜色、材质等因素，并结合实际的照明需求和室内装修风格，以实现最佳的照明效果。

灯具配件作为安装和连接灯具的零部件，包括电线、插头、开关、支架等。它们的质量和选用也对照明效果产生影响。例如：电线和插头的材质和规格需要与灯具相匹配，否则可能会导致电路故障和灯具损坏。此外，灯具配件还需要考虑安装和维护的便利性，以确保灯具的安全和寿命。在购买灯具配件时，需要关注其质量、品牌、规格等因素，同时注意根据灯具的实际需要进行正确的选配和组合，以提高灯具的使用寿命和照明效果。

随着照明技术的不断发展和进步，新型的灯具和配件也不断涌现，以满足人们的照明需求和人们所需要的装修风格，例如：智能照明系统、无线充电灯具等。因此，了解和掌握灯具和配件的基本知识，对于实现高质量、高效率的室内照明效果有着重要的意义。

第二节　室内照明与环境

一、室内照明的作用与原则

室内照明是指为室内空间提供合适的光线，以满足室内视觉需求而开展的照明活动。它不仅可以改善空间的视觉效果，还可以影响人们的情绪和健康，同时也与能源消耗和环保问题相关。

（一）室内照明的作用

关于室内照明的作用，具体包括以下几个方面：

首先，提高室内的照明效果和舒适度。这不仅需要充足的照明，而且需要考虑光源的色彩、温度和亮度等因素，以确保光线在空间内的分布和反射达到最佳效果。通过科学的照明设计和光源的选择，可以达到最佳的照度和亮度，提高室内空间的照明效果和舒适度。

其次，室内照明还可以影响人们的情绪和健康。不同色温的灯光会产生不同的情绪反应，例如：暖色调的灯光可以带来温馨和舒适感，而冷色调的灯光则可以增强注意力和警觉性。因此，在进行室内照明设计

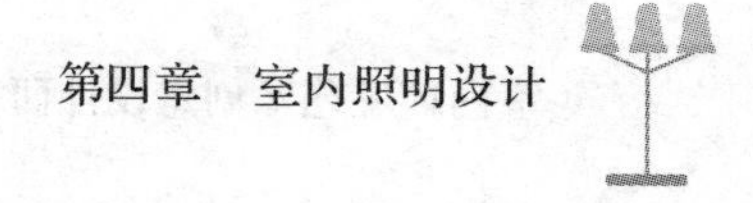

时，应该根据不同区域的功能需求和使用目的，选择合适的灯光色温和亮度，以提高人们的舒适感和工作效率，改善人们的情绪和健康。

再次，室内照明能够解决能源的消耗和环保问题。室内照明是室内能耗的重要组成部分，因此需要通过选择高效、节能的照明设备和优化照明系统的设计，来有效地节约能源和降低碳排放。例如：在室内照明设计中，可以使用可调光和感应控制等技术，在减少能源浪费和降低碳排放的同时，为用户提供舒适和节能的照明环境。

最后，室内照明也可以提高室内空间的安全性。在楼道、走廊和阶梯等需要照明的地方，提供充足的照明可以避免安全隐患的出现。在设计照明方案时，需要遵守相关的安全标准和规范要求，保证照明电器的安全使用，避免照明环境污染和健康风险。

（二）室内照明的原则

室内照明设计遵循特定的原则，能够确保照明效果，满足人们对于照明的需求。室内照明的原则（如图 4–2 所示）。

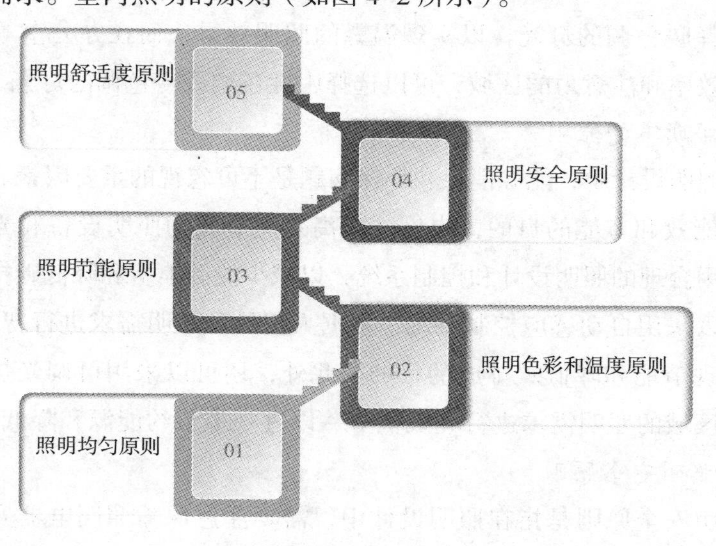

图 4–2　室内照明的原则

1. 照明均匀原则

照明设备发出的光线应该在整个室内空间均匀分布，以确保照明效果的一致性和稳定性。在选择照明设备时，应该根据不同区域的照明需求，选择适当的照明设备和灯具。例如：在客厅等需要充足光线的区域，可以选择较为明亮的主灯，或者配合一些带有较高亮度的台灯或落地灯来增加照明强度；而在卧室等需要柔和舒适氛围的区域，则可以选择柔和的壁灯或床头灯等辅助照明设备，以实现温馨的照明效果。

此外，在选择照明设备时，还应考虑不同类型的灯具和光源对照明效果和能源消耗的影响。例如：LED 灯具是一种较为高效、耐用的灯具，能够有效降低能源消耗和碳排放，同时也具备可调节亮度和色温等多种功能，能够满足不同区域的照明需求。

2. 照明色彩和温度原则

不同的灯光色彩和温度会产生不同的视觉和情感效果，因此在选择灯光色彩和温度时，应考虑不同区域的功能需求和使用目的，选择合适的灯光色彩和温度。例如：在卧室等需要营造温馨和舒适氛围的区域，可以选择暖色调的灯光，以实现温馨的照明效果；而在办公室等需要提高工作效率和注意力的区域，可以选择中性色调或冷色调的灯光。

3. 照明节能原则

在照明设计中，能源消耗和环保问题是不可忽视的重要因素。为了实现提高能效和节能的目的，应该选择高效、节能的照明设备和光源。同时应采用合理的照明设计和控制系统，以减少能源浪费和降低碳排放。例如：可以采用自动感应控制系统，根据人流量和照明需求进行智能控制，从而实现节能和降低碳排放的目的。此外，还可以采用可调光技术，根据不同区域的照明需求进行光线调节，以进一步节约能源和降低碳排放。

4. 照明安全原则

照明安全原则是指在照明设计中，需要注意保障照明电器安全，确保室内照明的安全性和可靠性。

首先，要保障照明电器安全，遵守相关的安全标准和规范要求，选择符合国家标准的照明设备和灯具，并确保其安装和使用符合规范。此外，要定期对照明设备和电气设备进行检测和维护，及时发现和排除潜在的安全隐患。

其次，要注意防火，照明设计应该采用防火材料及防火设计，选择符合防火标准的照明设备和灯具，并保证其安装位置和布线符合安全要求。此外，在照明设计中还应该注意照明设备的散热问题，避免因过度发热而引发火灾。

此外，要避免照明环境污染，选择符合国家环保标准的照明设备和灯具，避免使用含有污染物质的灯具。还要注意照明设备和灯具的质量和材料，确保其对人体健康无害。

5. 照明舒适度原则

照明舒适度原则是指在照明设计中，需要考虑人们对照明环境的舒适性的需求，选择合适的照明设备和灯具，以达到最佳的照明舒适度。要考虑照明设备和灯具的颜色和亮度，照明设备的颜色和亮度应该与室内的整体色调相协调，避免照明过强或过弱。此外，在照明设计中还应考虑照明的柔和度和均匀度。采用柔和的灯光可以减少眩光和刺眼感，提高照明舒适度。

二、环境对室内照明的影响

环境对于室内照明具有十分重要的影响，且这种影响是多方面的，需要设计师进行多方测量与考察，从而选择合适的照明设备和控制系统，以实现最佳照明效果。总的来看，对室内照明产生影响的包括室外环境与室内环境。

（一）室外环境对室内照明的影响

室外环境的自然光照度和颜色温度会直接影响室内照明的感觉和色

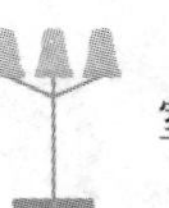

彩效果。例如：在晴朗的白天，自然光照度较高，而在阴雨天气或夜晚，光照度较低。光照度的差异则会对室内照明产生不同的影响。此外，室外自然光的颜色温度也会影响室内照明的色彩效果，因为自然光的颜色温度和室内灯光的颜色温度不一致时，容易产生色差和色调不协调的问题。

室外环境的建筑布局、高度和形状等也会对室内照明产生影响。建筑物高度和形状会影响室外光线的折射、反射和遮挡情况，从而影响室内光线的强度和分布情况。如果周围建筑物过高或密度过大，可能会导致室内照明不足或局部阴暗，需要相应的灯光设计来弥补不足。

室外环境的气候和环境污染也会对室内照明产生影响。例如：在雨雪、霾、雾等恶劣天气下，室外光线的强度和分布情况都会发生变化，从而影响室内照明效果。室外环境中的灰尘、烟雾、PM2.5 等污染物质也会影响室内照明效果，降低室内照明的质量。

（二）室内环境对室内照明的影响

室内环境的颜色、反射率、光学透明度等物理参数会影响光线的反射、折射和透射。例如：墙面颜色越深，其吸收光线的能力就越强，反射的光线就越少，从而影响整个室内的照明效果。同样地，地面和天花板的颜色、反射率和光学透明度等物理参数也会对室内照明产生影响。

室内环境的布局、家具摆设、窗户位置和大小等因素也会影响光线的传播和反射。在室内布置时，可以通过合理的灯具布局和家具摆放，将光线反射到需要照亮的区域，提高照明效果。窗户的位置和大小也会影响室内光线的强度和颜色，进而影响整个室内的照明效果。

室内环境的温度、湿度、空气质量等因素也会影响室内照明效果。例如：过高或过低的温度会影响灯具的使用寿命，从而影响照明效果。人们的活动会影响室内空气流动和温度分布，在高温环境下，人们的身体散发的热量会使室内温度升高，从而导致灯具的寿命缩短，因此需要

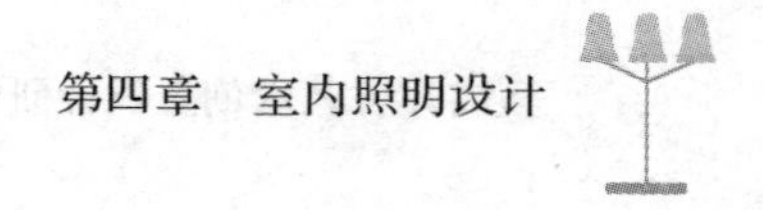

进行相应的温度控制。空气中的灰尘、烟雾等污染物也会影响光线的传播和折射，进而影响室内照明效果。

第三节　室内照明艺术设计的基本方法

一、室内照明艺术设计的基本步骤

室内照明设计需要遵循特定的步骤，在既定步骤的规范要求下，才能够取得良好的照明效果，避免可能出现的错误与疏漏。

（一）确定照明目标

确定照明目标是设计师确定整个照明方案的首要步骤。照明目标需要根据不同的空间和功能需求来定义。设计师需要考虑的内容比较多，主要包括以下几个方面：

（1）照明的功能包括室内照明、室外照明、道路照明、安全照明等。

（2）使用场所包括商业、居住、医疗、教育、工业等。

（3）照明需求包括一般照明、局部照明、强调照明、景观照明等。

（4）预算包括可用预算、照明设备的选择与安装方面的预算。

此外，在确定照明目标时，还需要考虑能源的利用和环境保护问题，选择高效的照明设备。

（二）进行空间分析

在设计之前，设计师需要对要照明的空间进行深入分析，包括空间形状、大小、高度、色彩、材料等。了解这些信息可以帮助设计师选择适合该空间的灯具类型和位置，并制定相应的照明方案。

空间形状指的是室内空间的外部轮廓，包括长方形、正方形、圆形、椭圆形、不规则形状等。空间形状的大小、比例、高度等也会影响照明

方案的选择和布局。例如：长方形或狭长的空间通常需要选择一些远射程的灯具，以达到均匀的照明效果，而圆形空间则需要选择能够在不同角度照亮不同区域的灯具。

空间大小是指室内空间的面积和体积的大小。空间大小对照明设计也有很大的影响。在进行照明设计时，设计师需要考虑空间大小对灯具数量、类型和布局的影响。大型空间需要更多的灯具来达到足够的照明效果，而小型空间则需要选择灯具数量适度的方案，避免造成过度照明。

空间高度的不同，对照明方案的选择有很大的影响。高度较高的空间需要使用较强的光源或选择吊灯等悬挂式灯具，以便实现均匀的照明效果，同时也需要考虑灯具的安装高度和悬挂方式。高度较低的空间则需要选择合适的灯具类型和数量，避免造成过度照明和视觉压迫感。在空间高度较低的情况下，设计师还需要注意灯具的热量释放，以免对室内环境造成不利影响。

在选择灯具类型和光源时，需要考虑空间颜色的色温、色彩饱和度和色彩明度等因素，以便使灯光和空间颜色产生良好的协调效果。

空间材料是指室内空间中所使用的各种材料，例如：墙壁、地板、天花板、家具、装饰物等。不同的材料对光线的反射和吸收能力不同，因此需要在照明设计中进行合理的优化和调整。

（三）考虑自然光

设计师需要考虑室内自然光的方向、强度、颜色和变化速度，以便为照明方案提供基础参考。

在室内照明设计中，光线方向是一个非常重要的因素，设计师需要了解太阳在不同时间和季节的位置和角度，以便确定哪些区域可以充分利用自然光。了解自然光的强度和变化速度也是至关重要的，以便设计师在照明方案中设置适当的灯具和照明强度，以实现自然光和人工光源的协调。另外，设计师需要选择适当的灯具和光源，以实现自然光和人

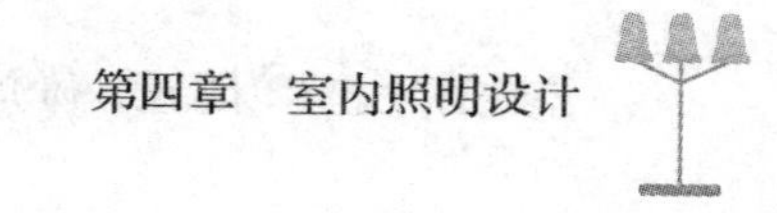

工光源之间的颜色协调。最后，设计师还需要考虑室内的遮光窗帘、百叶窗等物品对自然光的影响，从而合理安排灯具位置和照明强度，确保整个空间的照明效果和舒适度。

（四）制订照明计划

制订照明计划是室内照明设计中最关键的步骤之一，其目的是将之前考虑的所有因素整合起来，制订出符合实际情况的照明方案。

1. 灯具类型和数量

在选择灯具类型和数量时，考虑空间类型、使用功能和装饰风格等因素，以实现最佳的照明效果和舒适度。

2. 照明布局

在安排灯具的位置和布局时，考虑室内空间的形状、大小、高度、材料和色彩等因素。

3. 照明强度和亮度

在设置照明强度和亮度时，根据不同区域和功能的需要，合理设置照明强度和亮度，例如：睡眠区需要柔和的光线，而厨房和办公区则需要明亮的光线。

4. 节能和环保

在选择灯具和光源时，考虑其能耗和环保性能。例如：使用LED灯和节能灯具可以大幅减少能耗和碳排放，等等。

5. 照明控制

根据室内空间的需要，合理设置照明控制系统。

（五）选择合适的光源和灯具

同类型的光源和灯具可以产生不同的光效和色彩效果，选择光源和灯具时需要考虑以下因素：

1. 光源类型

室内照明常用的光源类型有白炽灯、荧光灯、LED 灯等。这些光源类型具有不同的特点和应用场景。白炽灯具有柔和的光线和良好的色彩还原效果，适合用于卧室和客厅；荧光灯具有高亮度和低能耗的特点，适合用于厨房和办公室；LED 灯具有高亮度和长寿命的特点，适合用于商场等公共场所。

2. 光源亮度

光源亮度的选择需要根据室内空间的大小和用途来确定。客厅和卧室需要柔和的光线，而办公室和厨房则需要更亮的光线。

3. 光源色彩

不同的光源色彩可以产生不同的照明效果和色彩效果。例如：暖白色和冷白色的光源可以产生不同的色彩效果。

4. 灯具类型

根据室内空间的需求和用途，选择适当的灯具类型。例如：客厅用吊灯；卧室用壁灯；书房用台灯；走廊用筒灯等。

5. 灯具功率

灯具功率要根据室内空间的需求和用途来确定。灯具功率过高会产生过度的热量和能耗，设计者需要注意这方面的问题。

6. 灯具风格

灯具风格需要根据室内空间的装饰风格和色彩搭配来进行选择。不同的灯具风格可以产生不同的空间氛围和装饰效果。

（六）模拟和测试

模拟和测试是确保照明效果和舒适度的重要步骤。通过模拟和测试，可以评估照明系统的性能和效果，并进行优化和改进。

1. 光线模拟

利用计算机技术，能够精确模拟光线在室内空间中的传播和反射情

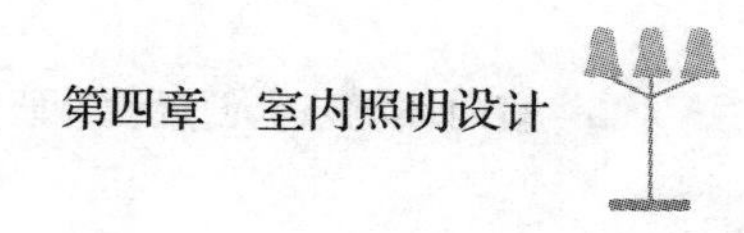

况，以评估照明效果和舒适度。通过照明设计软件进行光线模拟，可以选择最佳的照明方案，实现室内照明的优化设计。

2. 照度测试

通过测量室内空间中的照度分布，能够评估照明系统的照度水平和均匀性。通过使用照度计测量不同区域的照度值，并进行分析和比较，可以实现照明系统的科学设计。

3. 颜色温度测试

经过测量室内空间中的光源颜色温度，可以评估照明系统的颜色还原效果。

4. 色彩还原测试

色彩还原测试是通过测量室内空间中的物体颜色还原效果，以评估照明系统的色彩还原能力。

5. 眩光测试

眩光测试通过测量室内空间出现的眩光情况，以评估照明系统的眩光水平和影响。

二、室内不同空间的照明艺术设计

根据室内不同空间的特性与功能，照明设计要有一定的差异性与针对性。

（一）客厅与起居室的照明设计

客厅和起居室是公共休闲区，照明光线要体现出明亮、均匀的特点。

1. 主照明

主照明是室内照明的基础，提供主照明的灯通常安装在房间正中央。主照明可以为整个空间提供均匀、明亮的光线。客厅主照明可以选择吊灯、嵌入式灯具、面板灯等。

（1）吊灯是客厅中最常见的主照明灯具，通常安装在客厅顶部的中

央位置。吊灯的选择应该考虑客厅的实际面积和高度，一般来说，客厅面积较大，应该选择较大尺寸和较高亮度的吊灯。

（2）嵌入式灯具也是一种常见的客厅主照明灯具，适用于现代风格的客厅。嵌入式灯具一般安装在天花板上，以提供均匀的照明效果，使客厅更加通透明亮。

（3）面板灯是一种新型的客厅主照明灯具，适用于现代简约风格的客厅。面板灯可以安装在天花板上，以提供柔和的光线和均匀的照明效果，同时也具有较高的节能效果。

2. 局部照明

客厅局部照明是为照亮客厅特定区域而设置的照明，局部照明可以让客厅造型更加突出，同时也可以对一些装饰物品加以强调，增强整个空间的光影效果。

（1）台灯是一种常见的客厅局部照明灯具，可以放置在沙发旁边或者角落处，以满足阅读、手工制作之用。客厅台灯可以选择不同的灯罩和灯座，以适应不同的客厅风格和设计要求。

（2）地灯可以放置在客厅的角落或者门口等位置，以营造局部空间氛围。

（3）壁灯可以安装在客厅的墙壁上，以提供柔和的照明效果和良好的空间层次感。

（4）可移动灯具是一种非常灵活的局部照明灯具，可以放置在客厅的任何位置，以提供更加个性化和实用的照明效果。

3. 可调光照明

客厅可调光照明是一种非常实用的照明设计，可以根据不同的情况和需求调节灯光的亮度和颜色。

（1）可调光吊灯不仅可以作为客厅的主照明灯具，还可以营造柔和、温馨的氛围。可调光吊灯的设计多样，在选择可调光吊灯时，可以选择现代简约、欧式古典、中式复古等不同的风格和形状。

（2）可调光壁灯通常被安装在客厅的墙壁上，可以提供良好的空间层次感。可调光壁灯的造型也非常多样，在选择可调光壁灯时，可以选择方形、圆形、长条形、曲线形等不同的款式和颜色。

（3）可调光地灯通常被放置在客厅的角落或者沙发旁边，以提供柔和的照明效果。与可调光吊灯和可调光壁灯不同的是，可调光地灯的色温可以根据具体情况选择，如果需要更加舒适和温馨的氛围，可以选择较暖色调的灯具，如果需要更加清新和明亮的氛围，可以选择较冷色调的灯具。

（4）可调光灯带通常被安装在客厅的墙壁、天花板或者家具上，可调光灯带的优点在于可以根据需要自由裁剪和组合，以创造出各种奇特的照明效果和装饰效果。

（二）卧室的照明设计

卧室的照明设计是营造舒适、温馨和轻松氛围的关键。为了实现这一目标，可以采用多种照明手段和灯具，以满足不同的照明需求和个人喜好。

1. 主要照明

主要照明是卧室照明的核心，可以为房间提供充足的亮度和基础光线。主要照明通常采用吊灯、嵌入式灯具或吸顶灯等。使用者可以根据个人喜好和需求选择不同的灯具类型和灯泡色温。例如：使用者可以选择华丽的吊灯或内置式灯具，这些灯具既可以提供足够的光线，也不会过于刺眼或压抑房间的氛围。此外，使用者还可以选择可调光灯具，这样一来，使用者可以在不同的时间，随着情绪的变化来改变照明亮度，让卧室的灯光效果更加灵活可变。

2. 局部照明

卧室的局部照明可以为房间提供个性化和针对性的照明，以满足使用者的差异化需求。

（1）床头灯在卧室照明设计中十分重要，床头灯可以创造温馨的氛

围，同时也方便使用者阅读。使用者可以选择放置在床头柜上的台灯，也可以选择安装在床头墙上的壁灯。床头灯可以使用可调光的灯泡，以便使用者根据需要调整亮度。

（2）落地灯可以提供柔和的氛围照明，适合放置在床边或洗手间门口。使用者一般会选择可调光的落地灯。

（3）如果使用者经常在床上阅读或工作，则可以选择阅读灯。阅读灯可以放置在床头或椅子旁边。

（4）镜前照明能够为使用者提供充足的光线，方便整理个人仪容。例如：在镜子上方或两侧安装镜前灯，可以让使用者更清晰地看到自己的面部。

（5）装饰灯能够为卧室增添艺术感。使用者可以选择装饰性灯具或彩色灯具。例如：瓷器灯、水晶灯、金属灯、吊扇灯、吊坠灯、彩色吊灯、灯带，等等。

（三）厨房和餐厅的照明设计

良好的厨房和餐厅照明设计能够提升使用者的用餐体验，也能改善房间的照明效果。

在厨房的照明设计上，设计师可以选择中央吊灯或散射均匀的 LED 灯板作为厨房的主要光源，还可以在烹饪和准备食材的地方选择一些柜台照明灯作为辅助光源，另外，设计师还可以根据客户需要安装一些可调光灯具，以便使用者在光线过亮或过暗时调整厨房亮度。

在餐厅的照明设计上，设计师要遵循人性化原则，营造出比较温馨、放松的餐厅氛围。例如：设计师可以使用壁灯、落地灯等能发出柔和光源的灯具营造温馨氛围；也可以使用可调光灯具，让使用者根据实际需要营造不同的餐厅气氛；还可以在餐桌正上方悬挂吊灯或嵌入式灯具，将光线聚焦于食物上，展现食物的质感和肌理，进而提升用餐者的用餐体验。

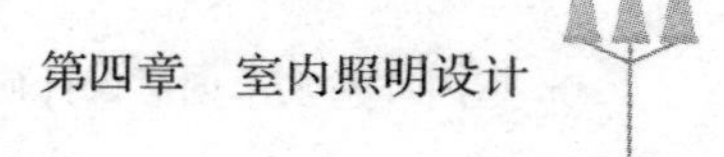

（四）浴室的照明设计

一般来说，卫生间保持充足的光线，能显得明亮清爽。在整个浴室空间可用吸顶灯作为主灯，配以射灯作为辅灯；也可直接使用多个数量的射灯从不同角度照射，这样在给浴室带来丰富层次感的同时还能起到很好的防水汽效果。

浴室中一般具有洗漱区、方便区和淋浴区三个功能区，不同的功能区可设计不同的灯光。例如：为了方便洗漱，可以在洗漱台的镜子上方及周边安装射灯或日光灯，方便看清自己的面部细节。

淋浴区可以使用两种灯光：一种是安装在淋浴区上方的射灯，方便主人洗浴，另一种则是隐藏在吊顶周围的灯带，可以营造出浪漫、放松的氛围。

第四节　室内照明创意艺术设计

一、室内照明创意艺术设计的基本流程

室内照明设计是人与环境沟通的艺术，随着时代发展，室内照明设计也应不断创新、未来室内照明设计应遵循基本的流程，使照明设计迈上新的台阶。

室内照明创意艺术设计的基本流程（如图 4–3 所示）。

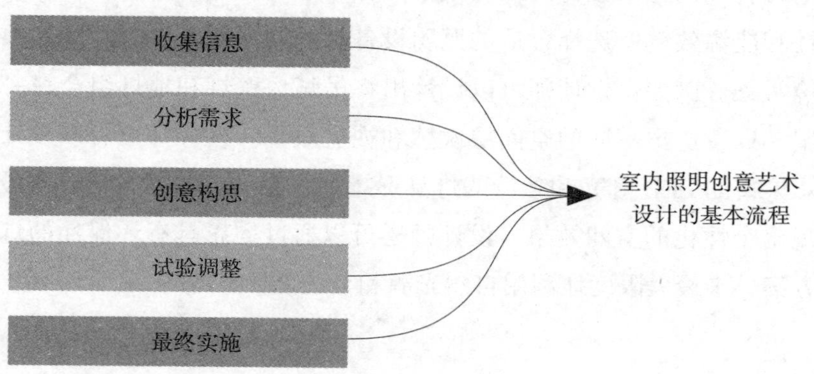

图 4–3　室内照明创意艺术设计的基本流程

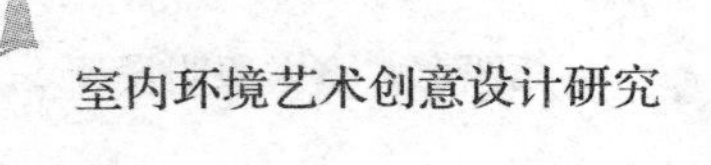

（一）收集信息

室内照明创意设计的第一步是收集信息。设计师可以通过多种途径，例如：网络、杂志、展览、旅行等，寻找创作灵感。在这个阶段，设计师应该关注不同的照明技术、照明形式，了解最新的照明设计趋势，以及不同的文化和环境下人们的照明需求。

（二）分析需求

室内照明创意设计的第二步是分析需求。设计师要了解房间的用途、空间结构、装饰风格以及客户的需求和偏好。在这个阶段，设计师应该与客户及其相关人员进行沟通和讨论，以确保照明设计符合客户的需求和期望。同时，设计师还需考虑房间的自然光线、亮度、色彩和质量等要素，确保其与周围环境相协调。

（三）创意构思

室内照明创意设计的第三步是创意构思。在这个阶段，设计师需要将收集的信息和分析的结果与环境融合起来，形成一个独特的照明设计方案。设计师可以尝试不同的灯光形式、颜色和照明强度，并结合不同的照明材料，创造出独特的照明效果。设计师还需要考虑照明设计的可持续性和能源效率，选择合适的照明设备和控制系统，以减少能源浪费和环境污染。例如：设计师可以设计出将吊灯、壁灯和地灯组合在一起的方案，以营造出不同的空间层次感和视觉效果。设计师也可以设计出将色彩丰富的 LED 灯光和独特的灯具形态组合在一起的方案，以便最后能呈现出个性化的空间效果。设计师还可以通过构思具有环保性的灯光设计方案，来最大限度地利用自然光源和节约能源，等等。

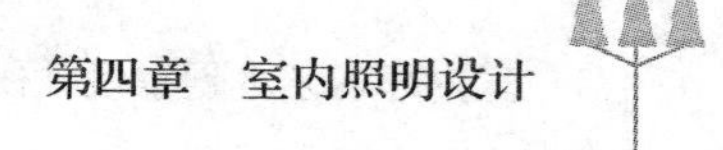

（四）试验调整

室内照明创意设计的第四步是试验调整。此时创意设计活动已经“接近尾声”。设计师可以将自己的创意构思加以试验，例如：设计师可以在试验中不断调整灯光强度、灯光颜色、灯具位置、灯具方向以及其他照明设备的参数等，以便达到理想的照明效果。当然，在此过程中，设计师要保证设计的安全性，确保照明设备的正常稳定运行及其使用寿命。

（五）最终实施

室内照明创意设计的最后一步是实施。在此过程中，设计师需要与其他相关人员合作，确保照明设备和控制系统的正常安装和使用。首先，设计师需要提供详细的照明设计图纸和指导文件，指导工人安装和调试照明设备。其次，设计师要向客户提供照明设备的使用手册和维护指南，介绍照明设备的使用方法、注意事项和维护方法。最后，安装工人要定期对照明设备进行检查和保养，及时更换损坏的零部件，以延长照明设备的使用寿命。

当然，为了确保创意设计成果能够在较长时间内符合使用者的预期，设计师还要监测照明设备的能源消耗情况，以便及时优化改进。

二、室内照明创意艺术设计的进阶技巧

为了更好地获得室内照明设计的创意和灵感，设计师需要掌握一定的进阶技巧，并通过这些技巧丰富创意思路，提升照明设计品质。

（一）利用对比和层次感

利用对比和层次感可以创造出丰富多彩的照明效果。设计师可以通过不同灯光的颜色、强度和方向，创造出不同的层次和纵深感。同时，设计师还可以利用不同颜色和材质的墙面、天花板、地面，创造出对比

效果和纹理感。例如：在墙面或天花板上设置暗光或间接光源，可以创造出温暖而柔和的环境光，营造出一种舒适、放松的氛围。在房间的重要区域，例如：画作或艺术品陈列区域，可以使用聚光灯，创造出聚焦效果，使画作或艺术品更加生动和醒目。还可以使用柔和的间接光源，将墙面和天花板的纹理感呈现出来，增强房间的高级感，等等。

（二）运用智能控制灯具

在室内安装智能控制灯具，可以为室内增加较强的现代感，也可以提升生活和工作的便捷度。

智能控制灯具可以通过手机 APP 或遥控器实现情景模式的切换，例如：通过手机 APP 可以将灯光切换为影院模式、夜间模式、阅读模式等。设计师可以根据房间的不同用途和不同环境，预设不同的情景模式，通过调节灯光颜色、灯光亮度和灯光强度等参数，创造出适合该场景的照明效果。例如：在影院模式下，设计师可以通过调节灯光亮度和颜色温度，营造出适合观赏电影的照明效果，增强观影体验。

智能控制灯具还可以与其他智能设备进行联动控制，例如：智能音响、智能窗帘等。设计师可以通过联动控制，实现更加便捷和智能化的照明体验。例如：在智能音响播放音乐的同时，智能控制灯具可以根据音乐节奏和节拍，实现灯光颜色和灯光强度的变化，创造出更加轻松、动感的氛围。

智能控制灯具还可以结合传感器技术，实现更加智能化和节能的照明体验。例如：在房间内安装人体感应传感器，当人进入房间时，智能控制灯具可以自动开启，并根据人的活动范围和需求，实时调节灯光亮度和颜色温度，提供舒适和智能化的照明效果。当房间内无人时，灯具可以自动关闭，减少能源浪费。

（三）仿生设计灯具

仿生设计灯具是一种结合生物学和工程学的设计风格，以自然界中的生物体为灵感，创造出的类似于生物体的灯具。这种设计可以创造出独特的照明效果。比较常见的仿生设计灯具有：翅膀型灯具、花朵型灯具、鱼类型灯具、石头型灯具、树叶型灯具、羽毛型灯具等。

仿生设计灯具的类别（如图 4-4 所示）。

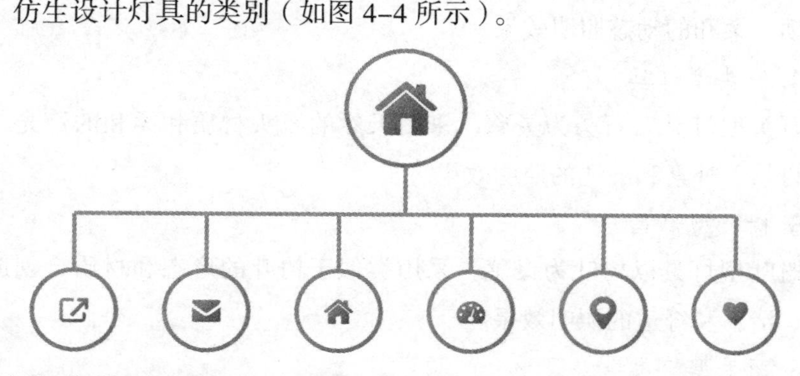

图 4-4　仿生设计灯具

1. 翅膀型灯具

翅膀型灯具是一种特殊的灯具设计，其外形看起来像是一对展开的翅膀。这种灯具设计的灵感来源于自然界中鸟类的翅膀，给人们带来了一种轻盈、自由和灵动的感觉。

翅膀型灯具的设计风格各异，既可以是现代简约的设计风格，也可以是中式、欧式等传统风格。无论是哪种风格的设计，翅膀型灯具都能够为室内空间带来一种柔和的光线和独特的艺术氛围。

此外，制作翅膀型灯具使用的材质也多种多样，例如：金属、玻璃、水晶等，不同的材质可以带来不同的光影效果和触感。这样的设计可以让灯具在室内空间中成为一道独特的风景，不仅具有实用价值，同时也是一种艺术品的展示。

2. 花朵型灯具

花朵型灯具是一种以花朵为设计灵感的灯具，其外形通常呈现出花朵的形态，例如：单朵花、花束、花苞。花朵型灯具造型美观，光源柔和，深受人们喜爱。

3. 鱼类型灯具

鱼类型灯具以鱼类为灵感，采用流线型的设计和柔和的灯光，创造出流动、柔和的动态照明效果。

4. 石头型灯具

石头型灯具以石头为灵感，采用天然的石头材质和柔和的灯光，创造出自然、朴素和舒适的照明效果。

5. 树叶型灯具

树叶型灯具以树叶为灵感，采用类似于树叶的形态和材质，创造出自然、清新和舒适的照明效果。

6. 羽毛型灯具

羽毛型灯具以羽毛为灵感，采用轻盈的材质和柔和的灯光，创造出柔美、浪漫和自然的照明效果。

（四）光雕艺术灯具

光雕艺术灯具是一种将灯光和雕刻结合起来的艺术灯具，可以通过灯光的投射和雕刻的变化，在室内空间中创造出各种艺术效果。这种灯具的设计独特多变，既可以是现代风格，也可以是传统风格，因而能满足不同消费者的需求。

光雕艺术灯具的设计采用了高科技的手段，常常使用激光雕刻和LED光源等技术，通过灯光和雕刻技术的相互配合，可以营造出各种独特的视觉效果。例如：可以将灯光投射在墙面上，形成独特的图案和色彩；或者在灯具上雕刻出独特的造型和纹理，从而使整个灯具在灯光的照耀下呈现出丰富的层次感。

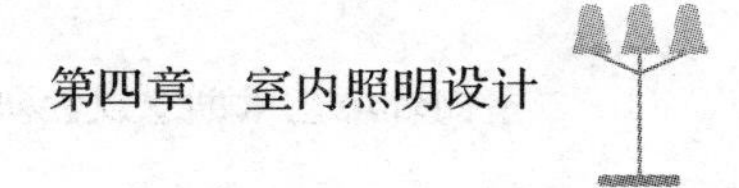

以下是一些常见的光雕艺术灯具设计类型：

1. 造型灯

造型灯的设计重点在于造型和线条的表现。通过灯光和雕刻技术的配合，可以创造出各种独特的造型和线条，从而形成一种独特的艺术风格。

2. 彩色灯

彩色灯的设计重点在于颜色的表现。通过不同颜色的灯光投射，可以创造出丰富多彩的艺术效果。

3. 图案灯

图案灯的设计重点在于图案的表现。通过灯光和雕刻技术的配合，可以创造出各种独特的图案和纹理，从而形成一种独特的艺术风格。

（五）全息影像灯具

全息影像灯具采用激光或LED光源，通过特定的光学透镜或反射镜，将二维图像转化为三维立体的全息影像，创造出独特的视觉效果和艺术体验。全息影像灯具可以为家居创意照明设计提供独特的方案。在家居装饰中，全息影像灯具可以作为独特的照明装饰品，创造出独特的氛围和艺术效果，提升家居的艺术感。例如：在客厅中，设计师可以将全息影像灯具放置在墙壁上，将全息影像灯具与家具、装饰品等搭配。在卧室中，设计师可以将全息影像灯具放置在床头，创造出柔和的照明效果和浪漫的氛围。另外，设计师还可以将全息影像灯具与床品、墙纸等搭配，创造出独特的装饰效果。

（六）磁悬浮灯具

磁悬浮灯具利用磁悬浮技术，将灯具悬浮在空中，与传统的照明设计相比，磁悬浮灯具更具科技感，可以为照明设计注入更多的设计元素，提供更多设计思路。磁悬浮灯具可以展现不同的设计主题，例如：自然主题、科技主题、现代主题等。磁悬浮灯具还可以利用灯光，创造出丰

富的照明效果。例如：利用RGB灯光技术可以实现多种颜色的切换；结合音乐、声控等功能，可以创造出智能化的照明效果，等等。

除了普通的磁悬浮灯具外，还有一些创意磁悬浮灯具：

1. 磁悬浮球形灯

磁悬浮球形灯是将灯体制成球形，通过磁悬浮技术使其在空中自由悬浮。球形的设计使得灯光能够全方位照射，营造出丰富的光影效果。

2. 磁悬浮旋转灯

磁悬浮旋转灯是在灯体内部设置LED灯源，通过磁悬浮技术实现灯体的旋转和悬浮。在灯体旋转的同时，还可以创造出各种独特的光影效果。

三、室内照明创意设计与文化艺术的创意结合

室内照明创意设计与文化艺术的融合是一种新型设计趋势，它将传统文化与现代照明技术相结合，创造出更加丰富多彩的照明效果，提升了室内环境的文化和艺术氛围。

（一）传统文化元素融入室内照明创意设计

中国传统文化元素是中国文化的重要组成部分，将其融入室内照明创意设计中，可以展现中国传统文化的内涵。例如：在灯具设计中加入中国结、书法等中国传统文化元素，可以让灯具更具中国特色；利用红木等中国独有的木材制作灯具，能够创造出一种独特的中式风格，更加彰显设计师及使用者的品位。总之，将中国传统文化元素融入室内照明创意设计是一种十分新颖的设计思路，能够促进室内照明设计领域的创新发展。

（二）西方绘画艺术融入室内照明创意设计

西方绘画艺术与室内照明创意设计相融合，能够为空间注入别样化

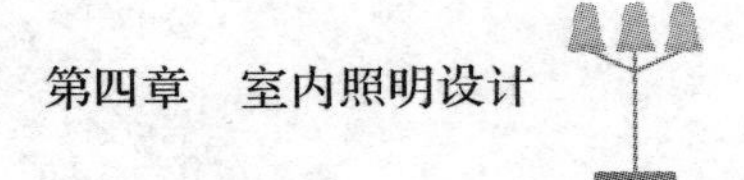

的艺术氛围。设计师需要深入挖掘西方绘画艺术中的元素和特点，并将其巧妙地应用于照明设计中。例如：印象派绘画中柔和、温暖的色调和光线，可以用于营造温馨、浪漫的氛围；现代主义绘画中的线条、形状和几何元素，则可以运用于灯具的灯罩、灯座设计之中。此外，著名画家的作品也可以作为照明设计的主题或图案，例如：凡·高的星空、毕加索的几何图案、达利的超现实主义等，这些作品都可以通过投影、雕刻或印刷技术展现在照明设计作品中。事实上，已经有许多知名建筑在照明设计上借鉴了艺术作品中的某些元素。例如：雅典卫城博物馆的照明设计融合了古希腊文明和现代艺术元素，灵感来自古代希腊的壁画和雕刻，以及当代的工业风格，最终创造出了独特而具有现代感的照明设计。纽约市现代艺术博物馆的照明设计将凡·高的《星空》作为灵感来源，将星空元素应用于其中。馆内的灯光创造出宛如置身于星空之中的浪漫氛围。香港科技大学的照明设计将毕加索画中的几何图案作为设计灵感，灯罩和灯座采用了毕加索的几何风格，从而让整个设计别具一格。

第五章　室内空间设计

第一节　空间基础知识

一、空间相关概念

空间是与时间相对的一种物质客观存在形式，是人们活动和生存的基本场所，也是社会、文化和经济活动发生和发展的基础。在建筑和室内设计领域，空间通常被用于描述物理区域的布局、结构和功能。它可以是一个狭小的房间、一个开放的室外广场、一个巨大的建筑物、一个城市的地理空间等。总之，空间是一个复杂而多维的概念，对于室内设计及其创新具有重要的作用，笔者在进行室内空间设计的深入研究之前，有必要对空间进行比较明晰的界定。

（一）空间的定义

空间是一个十分广泛的概念，涉及物理学、哲学、文化、心理学、社会学等多个学科和领域。因此，对空间进行界定需要从多个维度展开，以确保论述的准确性与严谨性。

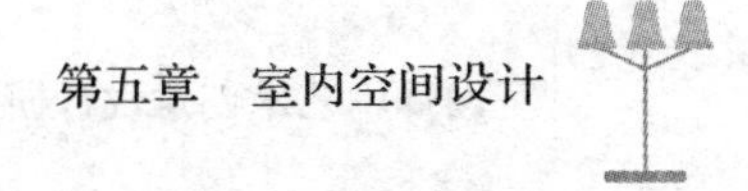

从物理学角度看，空间即一个物体所占据的区域。它是物体存在的基础，具有长度、宽度和高度三个维度，可以被测量、描述和分析。

从哲学角度看，空间即一种相对概念。它与时间和运动紧密相关，构成了人类对世界的基本认识和理解方式。空间被视为一种物质存在的基础，同时也与人类的感知、思维和文化传承相关。

从文化学角度看，空间即人类活动和生存的基础。不同的文化背景和社会历史造就了不同的空间形式和意义。空间被视为人类行为和文化传承的重要载体，具有表达、传递和塑造文化的功能。

从心理学角度看，空间是一种主观和客观的体验。可以影响人们的情绪、行为和认知。空间的氛围、布局、颜色、材质等方面都可以对人类的心理产生影响。

此外，艺术学、生物学、计算机科学等学科也对于空间概念有所表述。例如：艺术领域将空间视为一种创意和表现的媒介；生物领域将空间视为生物体生存和行为的基础；计算机科学领域将空间视为一种数据结构和算法的基础；等等。总之，空间是一个多学科、多领域交叉的概念。在不同学科领域中，空间的定义和表述会因其不同的特点和目的而有所不同。但是在常规和普遍的观念之中，学界一般认为，空间是指人们活动和生存的基本场所，是一切物质存在和发展的基础与前提。

（二）空间的特点

空间具有三维性、相对性、稀缺性等多重特点，其中三维性是空间最本质、最核心的特点。

1. 三维性

空间的三维性是指空间具有长度、宽度和高度三个维度。这意味着人们能够用三个方向上的坐标来描述和定位空间中的物体或位置。空间的三维性也是人类对空间最基本的感知和理解方式之一，它使人们能够准确地认识和定位自己在空间中的位置和方向。三维性是建筑和室内设

计中需要考虑的一个重要因素，设计师需要根据空间的需求和使用者的行为来合理规划的空间布局和使用面积。

（1）长度是空间的一维，指的是空间中物体沿着某一个方向的延伸距离。在建筑和室内设计中，长度通常用于描述建筑物的长度等。

（2）宽度也是空间的一维，指的是空间中物体沿着另一个方向的延伸距离。在建筑和室内设计中，宽度通常用于描述建筑物的宽度和房间的宽度等。

（3）高度是空间的第三维，指的是空间中物体沿着垂直方向的延伸距离。在建筑和室内设计中，高度通常用于描述建筑物的高度、层高和天花板高度等。

2. 相对性

空间的相对性是指空间的大小和形态会因为与周围空间的关系而产生变化，人们在感知空间的时候往往是基于周围环境来确定空间的大小和形态。空间的相对性在室内设计中具有重要的意义，可以影响人们对空间的感知和体验。

具体来说，空间的相对性表现在以下方面：

（1）周围空间的影响。人们对空间的感知和体验会受到周围空间的影响。例如：在一个小房间里，摆放大量的家具和装饰品，会使人感觉房间更加狭小；相反，减少家具和装饰品的摆放，会让房间看起来更加宽敞。

（2）色彩的影响。不同颜色的墙壁和地板会对空间产生不同的影响，从而改变人们对空间的感知和体验。例如：浅色的墙壁和地板会让空间看起来更加明亮和宽敞；而深色的墙壁和地板则会使空间看起来更加昏暗和狭小。

（3）光线的影响。光线的亮度、颜色和方向都会影响人们对空间的感知和体验。例如：利用阳光照射室内空间，可以让空间看起来更加明亮和宽敞；相反，暗淡的灯光则会让空间看起来更加狭小。

3. 稀缺性

空间的稀缺性是指空间并非“取之不尽用之不竭”，而是具有一定的限制，任何区域所存在的空间都有一定的边界，没有毫无边界而永远无尽的空间。因此，随着地球上人口数量的不断增加，人们所能够使用的空间也逐渐变得稀缺。在室内设计领域，空间的稀缺性告诉人们，设计师需要充分利用空间，最大程度地实现空间的功能和价值。

具体来说，空间的稀缺性表现在以下方面：

（1）空间的分配。在设计中，设计师需要考虑不同空间的分配问题，以实现不同的功能需求。例如：在一个住宅中，需要充分利用客厅、卧室、厨房等空间，使其能够满足家庭成员的日常生活需求。

（2）空间的组合。在设计中，设计师需要考虑不同空间之间的组合和联通问题，以实现更加灵活和高效的空间使用。例如：设计师可以通过打通卧室和阳台之间的隔墙，将室内空间和室外空间连接起来，增加了室内空间的利用价值。

（3）空间的多功能性。在设计中，设计师需要考虑如何使空间实现多重功能，以最大程度地利用空间资源。例如：在一个小型公寓中，设计师可以将床和书桌进行合理组合，实现休息和办公的双重功能。

二、空间的分类与功能

牛顿曾说“空间不是一个空洞，而是存在的一切物体的位置。”可见空间是物体存在的基础与前提。在人类生存的世界中，空间被附加了丰富的分类方式，同时空间也具备其特有的功能。

（一）空间的分类

可以根据不同的特征或用途进行空间分类，以下是关于空间的不同分类方法：

1. 按照维度划分

按照维度划分，空间可以分为三维空间、四维空间等不同维度的空间。三维空间是指人们所处的现实空间，由长度、宽度和高度三个维度构成；四维空间则是在三维空间的基础上加上时间这一维度，常被用于描述时空的特性。

2. 按照功能划分

按照功能划分，空间可以分为居住空间、办公空间、教育空间、娱乐空间、医疗空间等不同类型的空间。

（1）居住空间是指供人居住的空间，包括公寓、别墅、住宅等。

（2）办公空间是指用来办公和进行商业活动的空间，包括办公室、商业中心、写字楼等。

（3）教育空间是进行教育和学习的空间，包括学校、培训机构、图书馆等。

（4）娱乐空间是进行娱乐和休闲的空间，包括影院、酒吧、KTV 等。

（5）医疗空间是进行医疗的空间，包括医院、诊所、药店等。

3. 按照形态划分

按照形态划分，空间可以分为开放式空间、封闭式空间、线性空间、圆形空间、多边形空间、异形空间等不同形态的空间。

（1）开放式空间是指没有明显隔断和分隔的空间，通常为室内公共区域和户外活动场所。

（2）封闭式空间是指具有明显的隔断和分隔的空间，通常为私人领域和个人活动场所。

（3）线性空间是指空间呈现出线性形态的空间，通常是长条形的空间场所。

（4）圆形空间是指呈现出圆形形态的空间，通常是具有重点和焦点的空间场所，例如：会议室、音乐厅等。

（5）多边形空间是指呈现出多边形形态的空间，通常用于具有特殊空间需求和特殊空间表现效果的场所。

（6）异形空间是指呈现出异形形态的空间。

4. 按照尺度划分

按照尺度划分，空间可以分为大空间和小空间、宽敞的空间和狭窄的空间等。

5. 按照位置划分

按照位置划分，空间可以分为室内空间和室外空间，以及不同地理区域的空间，例如：城市空间、乡村空间等。

（二）空间的功能

随着时代的发展，空间被人类衍生出多种多样的功能，多样化成为空间功能的显著特点。主要包括生活功能、工作功能、学习功能、娱乐功能、健康功能等。

空间的功能（如图 5-1 所示）。

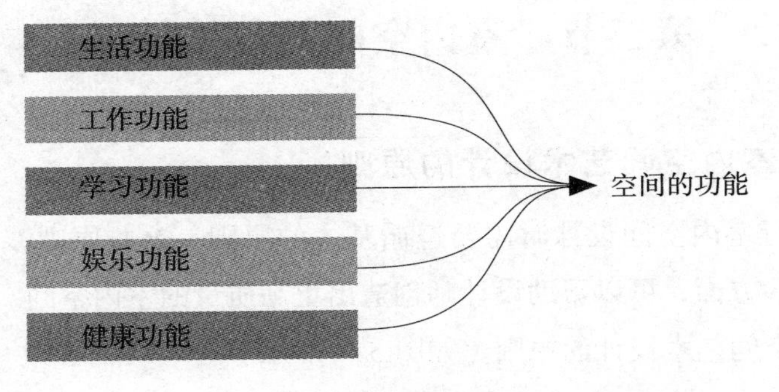

图 5-1　空间的功能

1. 生活功能

空间能够为人们提供生活所需的各种功能，人们可以在特定的空间居住和生活。例如：空间能够供人们居住、休息、存放物品，通过合理的空间规划和布局，人们可以拥有一个宜居的环境。

2. 工作功能

工作功能是指空间能够为人们提供各种工作所需的场所，主要包括办公、教育等场所。

3. 学习功能

空间能够为人们提供一个学习的环境。例如：教室、图书馆、研究室等学习空间。

4. 娱乐功能

空间能够为人们提供娱乐、休闲和放松的场所，例如：游乐场、电影院、酒吧、咖啡厅、音乐厅等娱乐空间。

5. 健康功能

空间能够为人们提供健康和安全的环境，防止或减少各种健康问题的发生。具体包括住宅、医疗机构、运动场所等空间。例如：住宅可以为人们提供安全、舒适、卫生的居住环境。医疗机构给人们更加卫生和清爽的环境。而运动场所一般遵循自然、健康的设计原则。

第二节　室内空间的具体处理

一、室内空间艺术设计的原则

在进行室内空间设计时需要遵循基本的原则。这些原则涉及与空间相关的诸多方面，可以帮助设计师创造出更高质量的室内空间。

室内空间艺术设计的原则（如图 5-2 所示）。

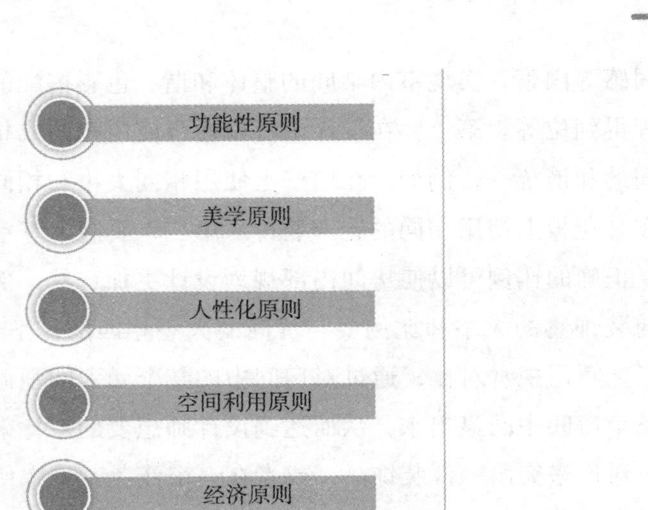

图 5-2　室内空间艺术设计的原则

（一）功能性原则

室内空间设计要以功能作为设计的导向，如果无法实现既定的功能，无法在既定空间内进行特定的活动，那么空间设计将失去原本的意义，所以要将功能作为设计的重点，最大限度地满足用户的需求和要求。第一，做好空间规划，使空间布局合理，流线清晰，功能齐全。同时还要考虑空间的大小、高度、采光等因素，打造出一个符合使用需求的空间。第二，做好功能分区，根据不同的使用需求，将空间划分为不同的功能区，例如：客厅、卧室、厨房等。这样可以使使用者在不同的区域进行不同的活动，提高空间利用率。

（二）美学原则

美学原则要求设计师通过各种美学手法和美学元素的运用，创造出具有美感和艺术性的室内空间。要充分考虑色彩、纹理、比例、形状、

空间感等因素，实现室内空间的整体和谐、色彩搭配的协调美观、细节处理得到位等。第一，在设计中可以通过使用相同或相似的元素来实现空间的和谐统一，例如：在墙壁上使用相同大小和相同颜色的砖块，或者在天花板上使用相同的花瓣装饰。第二，要制定好室内设计空间的比例，正确的比例可以使房间内部规划设计更加自然，例如：客厅中的家具与装饰物的大小和比例要与房间的大小相匹配，不然会显得不和谐。第三，巧用视觉对比，通过对房间中的某个元素的强调，可以使该元素从整个房间中凸显出来，从而达到设计师想要的对比效果。例如：使用颜色对比来突出一件装饰品，或者在一个浅色背景中使用鲜艳的颜色来吸引人的眼球。第四，注重室内空间层次感的打造，通过使用材料和纹理，可以突出房间的层次感，而一定的层次感可以让室内设计看起来更加具有质感，例如：使用纵向元素来增强房间的层次感。第五，以颇具质感与高贵感的材料提升房间的品位，例如：使用天然木材或石材凸显房间的高级感。上述美学原则都是非常重要的，需要在设计中合理运用，以营造出具有美感和艺术性的室内空间。

（三）人性化原则

室内空间设计应该遵循人性化原则，以人为本。第一，考虑居住人群的舒适性，了解一定的人体工程学知识，例如：座椅的高度、椅背的角度、扶手的位置等，让人在使用时感到舒适。此外，还应该考虑温度、湿度、空气质量等因素，营造一个舒适宜人的室内环境。第二，考虑居住人群的安全问题，安全始终都是空间设计的一个要点，例如：楼梯、过道、门窗等的设计，应该符合安全标准和规范，确保人们的安全。第三，考虑各项因素的健康指数，包括光线、通风、噪声等因素，从而打造一个安静舒适、温湿度良好的宜居环境。当然，还需要选择环保、无毒、无害的装修材料，避免对人体造成伤害。第四，考虑一定的便捷性，要符合居住人群的生活习惯，例如：厨房的设计应该符合人们的烹饪习

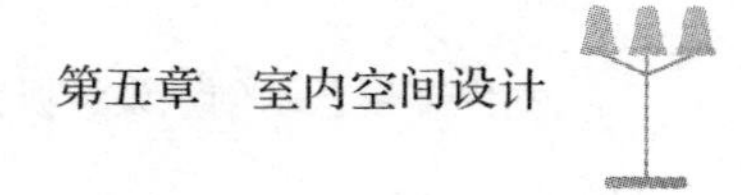

惯，客厅的布局应该考虑人们的活动习惯，卧室的设计应该符合人们的日常起居习惯等。

（四）空间利用原则

进行室内空间设计需要充分考虑空间的利用率，使空间得到最大限度的利用，避免浪费。为了达到这个目的，设计师可以采用多种方法。其中，空间分区是非常重要的一种方法。对于空间较大的房间，可以对其进行功能分区，例如：客厅中可以设置沙发区、餐厅区、休闲区等。通过空间分区，可以使房间看起来更加有序，同时也能够满足人们的不同需求。在小空间的房间中，使用多功能家具也是非常重要的一种方法。多功能家具可以使空间得到更好的利用。床上方可以设置折叠式储物柜，沙发下方可以设置抽屉等。这样可以让房间看起来更加整洁、宽敞。

（五）经济原则

进行室内空间设计需要充分考虑成本和经济效益，设计师需要在保证空间质量的前提下尽可能减少成本。对此，设计师可以通过合理利用材料、精打细算、定制化设计、可持续设计、合理利用空间等方法实现成本控制。

（六）环保原则

进行室内空间设计需要考虑环保原则，尽可能使用环保材料、节能设备等，降低能源消耗和环境污染。设计师必须树立环保意识，增强社会责任感，通过使用环保材料、节能设备和回收利用等方式，创造出既美观实用，又环保健康的室内环境。例如：设计师可以选择竹材、麻材等环保材料代替传统的木材和石材等材料。通过环保材料的独特纹理和质感，增加室内空间的设计感和舒适度；设计师可以采用水性漆等环保油漆作为墙面涂料，以减少室内空气污染，保护人类健康。此外，设计

师还可以遵循节能减排的要求，采用智能化照明系统和空调系统来降低能源消耗；设计师还可以利用自然风来降低室内的温度，增加室内的自然舒适度，等等。

二、室内空间艺术设计的途径

“室内是人类生活起居的重要场所。随着社会经济水平的发展和人们生活水平的提高，大多数人对室内居住、生活和工作环境的要求有了很大程度的改变。人们已经不满足于其单纯为各种日常活动提供一个遮风避雨的场所，更希望能在精神上、审美上有所追求，带来物质和精神上的双层完美体验。”① 在此基础上，室内空间则成为设计师群体所关注的重要内容。室内空间是空间这一范畴所包含的部分内容，是设计师的设计对象。室内空间一般是指建筑物内部的空间区域，包括住宅、商业、办公、教育等建筑类型中的内部空间。室内空间的设计和规划需要考虑多个因素，包括使用者的需求、空间的功能和美学价值等；更要遵循特定的步骤，按照既定的步骤进行设计。

（一）空间规划

空间规划是室内空间设计的基础，它是指在保持建筑结构的前提下，通过划分不同的空间区域，使得室内空间能够最大限度地发挥其功能，同时达到美观、实用和舒适的目的。

在进行空间规划时，需要考虑空间的尺寸、形状、层高和布局等因素，并将其合理地应用于室内设计中。合理的空间规划可以帮助设计师创造出既实用又美观的室内空间。例如：在小户型公寓中，开放式厨房和客厅的空间规划可以创造出更加宽敞和舒适的居住空间，设计师可以通过设计一个小型的餐厅吧台，将厨房和客厅的空间进行合理的划分，

① 董斌．形态构成在室内设计中的应用研究[M]. 长春：吉林美术出版社，2018：102.

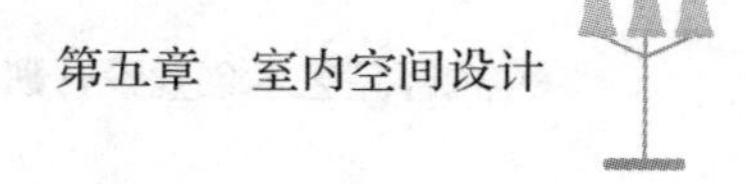

并将餐厅吧台作为过渡区域来增加空间的整体性。此外，在现代简约风格的室内设计中，卧室和衣帽间的空间规划非常重要。设计师可以对衣帽间和卧室进行合理布局，将衣帽间设计成一个独立于卧室之外的空间区域，实现衣物的集中收纳。

（二）材料选择

材料选择对室内空间设计至关重要。在选择材料时，设计师要考虑材料的品质、耐用性、环保性和价格等因素，并将其与空间的功能、风格和设计要求相结合。不同的材料可以创造出不同的质感和风格，例如：石材、木材、瓷砖等都可以用于地面和墙面装饰，但呈现出来的效果却截然不同。当木材作为地面和墙面的装饰材料时，整个室内空间看起来更充满自然感；而瓷砖作为地面和墙面的装饰材料时，整个空间看起来更加整洁，更充满现代感。

（三）家具搭配

家具搭配对室内空间设计有重要影响。在进行家具搭配时，需要考虑家具的风格、材质、大小和功能，并将其与空间的尺寸、形状和布局相结合。例如：当进行沙发与咖啡桌的搭配时，可以选择深色的皮质沙发搭配浅色的木质咖啡桌，或是金属材质的咖啡桌来增加空间的层次感；当进行餐桌和餐椅的搭配时，可以选择同一品牌或者同一系列的餐桌和餐椅进行搭配，或者是通过颜色和材质的搭配来增加空间的美观度。具体表现为：白色的餐桌可以搭配深色的木质餐椅或是透明的塑料椅子来增加空间的清新感；当进行书柜和沙发的搭配时，可以将书柜和沙发放置在同一区域，通过颜色和款式的搭配来增加空间的和谐感。

（四）布局设计

进行布局设计时，需要考虑房间内的流线和空间利用率，并将其与客户需求和空间的用途相结合。合理的布局设计可以使室内空间更加舒适便捷。在客厅中，可以将沙发和咖啡桌放置在一侧，形成一个休闲区，将电视和音响放置在另一侧，形成一个娱乐区，这样可以有效地划分空间，并增加空间的舒适度和实用性。在卧室中，可以将床放置在墙边，将衣柜和梳妆台放置在墙的另一边，形成一个休息区和一个化妆区。在餐厅中，可以将餐桌和餐椅放置在中心区域，将厨房设计在侧边区域，形成一个就餐区和一个烹饪区。在厨房中，可以根据实际需求和空间大小，设计出不同的布局方案，例如：直线式布局、L 型布局、U 型布局和岛型布局等，这样可以有效地利用空间，并增加空间的实用性。总之，布局设计也是室内空间设计的关键环节，需要设计师高度关注。

三、室内空间艺术设计的禁忌

在进行室内空间艺术设计时，需要注意以下几个禁忌：

（一）风格混乱

在室内空间艺术设计中，设计师在确定整体设计风格后，要保持风格的一致性，不能出现风格混乱的现象。室内设计是一种集审美、功能和舒适性于一体的艺术，其目的是创造一个既实用又具有审美价值的空间。然而，当人们追求个性化、多元化的设计时，很容易忽视一个关键的要素，那就是风格的统一与和谐。一旦风格过于混乱，则可能会对空间的整体感觉和功能产生不利影响。一个明确且一致的设计风格可以为室内空间创造一个中心主题，有助于引导空间的其他设计元素，确保它们之间的和谐与统一。相反，混乱的风格会使得空间中的各种元素显得不协调，造成眼花缭乱的效果。一个设计得当的空间不仅要考虑美学价值，还要确保其功能性。如果不同的设计元素和风格没有很好的融合，可能会造成空间的浪费，使得居住者或使用者感到不便。总之，室内设计不仅涉及创造一个美观的空间，更涉及如何创造一个既符合审美又具有功能性的空间。避免风格混乱，确保设计的和谐与统一，是实现这一目标的关键。

（二）色彩过于花哨

过于花哨的色彩搭配可能会使室内空间显得杂乱无章，不宜过度使用。一般来说，可以选择一两种主要颜色，并进行合理的搭配和组合。

1. 使用太多颜色

如果在室内空间中使用太多颜色，可能会使整个空间显得过于花哨，缺乏整体性。因此，在进行色彩搭配时，应该尽量减少颜色的数量，选择两到三种颜色进行搭配。

2. 使用过于鲜艳的颜色

过于鲜艳的颜色可能会刺激人们的视觉神经，产生不适感，影响使用者的舒适度。因此，在进行色彩搭配时，应该选择柔和的颜色。

3. 不同颜色的搭配不合理

如果不同颜色的搭配不合理，可能会产生冲突或者不协调的效果。在进行色彩搭配时，应该选择相似或者相近的颜色进行搭配，以达到整体协调的效果。

（三）艺术品过多

过度使用艺术品和装饰品可能会使室内空间显得拥挤和杂乱。设计师应根据室内空间的大小和使用需求，合理选择适量的艺术品和装饰品。

1. 艺术品过于密集

如果在室内空间中使用过多的艺术品，会使整个空间显得过于密集，影响使用者的舒适度。因此，在进行艺术品的摆放时，应该注意间隔的大小和摆放的数量。

2. 艺术品风格混乱

如果使用过多的艺术品和装饰品，可能会出现风格混乱的问题。不

同风格的艺术品和装饰品可能会产生冲突或者不协调的效果，破坏整体的艺术效果。因此，在选择艺术品和装饰品时，应该考虑整体的设计风格和氛围，保持风格的一致性。

3. 艺术品和装饰品与空间不匹配

如果选择的艺术品和装饰品与空间不匹配，可能会使整个室内空间显得过于拥挤和混乱。因此，在选择艺术品和装饰品时，应该考虑空间的大小和使用需求，选择适量的艺术品和装饰品，并对其进行合理布置与组合。

（四）布局不合理

在进行室内空间艺术设计时，需要考虑空间的布局和使用需求，并将艺术元素合理布置和组合。不合理的布局可能会影响整体的艺术效果和使用功能。

1. 家具摆放不当

如果家具的摆放不当，可能会占据过多的空间，导致室内空间显得拥挤和杂乱无章。因此，在进行家具的摆放时，应该考虑空间的大小和使用需求，选择合适的家具。

2. 艺术品摆放不当

如果艺术品的摆放不当，可能会影响整体的艺术效果。艺术品应该摆放在合适的位置，以增加室内空间的艺术氛围和美感。艺术品的大小和数量应该与空间相匹配，以呈现最佳的艺术效果。

3. 功能分区不合理

如果功能分区不合理，可能会影响室内空间的使用效果。在进行功能区的划分时，应该考虑使用者的需求和空间的特点，合理划分不同的功能区域。

第三节　室内空间创意艺术设计

一、室内空间自然主义艺术设计

室内空间自然主义设计是一种强调自然元素和环境的设计理念，注重将自然元素和材料引入室内设计中，打造出自然、舒适和健康的室内空间。相较于传统的室内空间设计理念，自然主义设计理念打破传统僵化思想，强调设计师必须具有发现自然之美的双眼，并将自然的美感巧妙地与设计行为相结合。

室内空间自然主义设计主要有自然材料的选择、自然色彩的运用、自然布局的安排、自然元素的融入等内容。

自然材料的选择。要求选用天然木材、石材、竹子、皮革等材料。天然木材具有质地细腻、色泽自然、环保健康等特点。常用的天然木材有橡木、松木、枫木、榉木等，它们可以用于地板、家具、门窗等方面，增加室内空间的自然感和舒适感。石材具有耐用、易于清洁、不易褪色等特点。常用的石材有大理石、花岗岩、砂岩等，可以用于地面、墙面、柱子等方面，增加室内空间的质感和美感。竹子具有柔韧、强度高、环保等特点。可以用于地板、家具、餐具等方面，增加室内空间的环保性。皮革具有高贵、耐用、舒适等特点。常用于沙发、椅子、床等家具上，增加室内空间的豪华感。纯棉、麻布等天然纤维材料具有舒适、透气、环保等特点，可以用于窗帘、床上用品等方面，等等。

自然色彩的运用。使用与大自然颜色相近的色彩，能够有效提升室内空间的自然感，给人带来亲近大自然的感觉，从而获得心灵上的放松。例如：绿色是自然主义设计中最重要的颜色之一，它代表了生命、自然和健康，能够使人感到平静、放松和舒适。可以将绿色运用在墙面、地面、窗户以及家具上，增加室内空间的自然感和清新感。

自然布局要充分利用自然光线和自然元素，打造出自然、舒适、健

康和独具美感的室内空间。例如：在阳台上布置绿植、花卉等自然元素，可以打造绿色生活空间；利用阳台空间进行休闲、娱乐等活动，可以提升空间利用率。

自然元素的融入是自然主义室内设计的有力补充，要求在完成基本设计之后，再进行“锦上添花”的设计。第一，巧妙运用绿植。绿植是最常用的自然元素之一，它们可以增加室内空间的生机，同时也能够提高空气质量和减少噪声。可通过将绿植放置在各种不同的地方，如窗台、书桌、墙角等，来增加室内空间的自然感。第二，巧妙运用水景。水景是室内空间自然元素中较为特别的一种，它可以增加室内空间的清新感，营造出宁静、平和的氛围。例如：通过设置小型的喷泉、鱼缸等水景来增加空间格调，等等。

二、室内空间艺术主义设计

室内空间艺术主义设计是一种高雅的设计风格。它将艺术、设计和装饰元素融合，以打造独特、个性化和艺术性强的空间效果为目标，呈现出设计师的创意和品味。这种设计风格注重细节和材料的选择，通常采用精美的装饰品、高品质的家具和优雅的色彩搭配，营造出优雅、浪漫的艺术氛围。它也常常融入纹理、光影等设计手法，以营造出独特的空间体验。室内空间艺术主义设计是一种非常个性化的设计风格，通常需要设计师在材料、布局和配色等方面进行精心的把握和调配。室内空间艺术主义设计在不同的地域和文化背景中也有所不同，例如：欧洲的室内空间艺术主义设计通常强调传统和古典的欧洲元素，而亚洲的室内空间艺术主义设计则常常融入传统的东方元素。

室内空间艺术主义设计最大的特点便是对于艺术元素的应用和创造性转化。其应用和创新可以极大地提升室内空间的艺术性和个性化。第一，壁画和装饰画。这是室内设计中应用最广泛的艺术元素之一，设计师可以根据空间风格和主题选择不同风格的画作，例如：传统油画、现

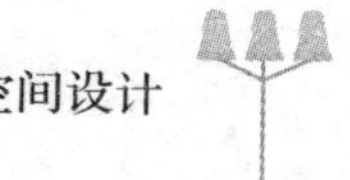

代抽象画、当代摄影等。第二，雕塑和雕饰。这是另一种常见的艺术元素，设计师可以将雕塑作品摆放在空间中，或将雕饰作为装饰品进行悬挂或摆放。第三，摄影和艺术品复制品。现代的摄影和艺术品复制技术可以为室内设计带来更多的艺术元素。设计师可以选择喜欢的摄影或艺术品作品，进行打印或复制，并将其用于空间装饰。此外，艺术元素的创新应用也十分重要，除了常规的应用方式之外，设计师也可以对艺术元素进行创新，包括运用LED技术来呈现艺术品、通过数字技术进行艺术品的创新、运用材料来呈现艺术元素等。

总之，艺术元素的应用和创新在室内设计中非常重要，设计师可以根据空间的需求和自身的审美，巧妙地运用和创新艺术元素，从而为空间带来更加浓烈的艺术氛围。

第六章　室内光线设计

第一节　光学基础知识

一、光学相关概念

光是一种电磁波，它的波长区间从几纳米到 1 毫米左右。这些光并不是都能看得见的，人眼所能看见的只是其中一部分，人们将这一部分光称为可见光，其波长范围通常限定在 380 ～ 780 nm。

（一）光的定义

光是一个物理学名词，其本质是一种处于特定频段的光子流。在物理学中，光被定义为一种电磁辐射，是一种由电场和磁场相互作用而产生的波动现象。光波的频率范围在几千亿至数十亿赫兹之间，它在真空中的传播速度为 299,792,458m/s，通常以英文字母 c 表示。光可以在空气、水、玻璃等介质中传播，根据其在介质中传播时的速度不同，光波可以发生折射和反射。光线是指光的传播路径，它通常用来描述光在空气、水、玻璃等介质中的传播路径。

除物理学科之外，其他学科对光也有着丰富的研究。在化学中，光被定义为一种电磁辐射，能够引起化学反应或使物质发生变化。在生物学中，光被定义为一种能够被生物体感知的电磁辐射，通常被用来调节生物体的生理节律和生长发育。在医学中，光被定义为一种能够穿透生物组织的电磁辐射，其不同波长的光线对生物组织具有不同的作用和影响，可以用于治疗和诊断多种疾病。在工程学中，光被定义为一种能够被控制和利用的电磁辐射，可以应用于工程领域，如通信、照明、成像等。总之，不同学科对光的定义都强调了光作为电磁辐射的性质和特征。

（二）光的特点

作为一种电磁波，光具有多种特点，主要有传播性、可见性、干涉性、折射性、反射性、散射性、偏振性、色散性。

1. 传播性

光的传播性是指光可以在真空或其他透明介质中传播。在真空中，光的传播速度为恒定值299,792,458m/s，即光速c，而在其他透明介质中，光的传播速度会因介质的折射率的不同而发生变化。

光的传播性涉及光线的传播规律、速度、折射、反射等多个方面。光线在空气、水、玻璃等介质中传播时，会遵循直线传播的规律，即光线在同种均匀介质中沿直线传播。光在不同介质之间传播，光线传播方向会发生改变。当光线从一种介质进入到另一种介质时，会发生折射或反射现象。

2. 可见性

光的可见性是指人类的视觉系统能够感知光信号。人类的眼睛能够感知的光的波长范围为380～780 nm，这个范围称为可见光谱。

可见光谱中不同波长的光呈现出不同的颜色。从短波长到长波长，可见光谱的颜色依次为紫色、蓝色、青色、绿色、黄色、橙色和红色。

通过混合不同波长的光，可以形成各种颜色。除了可见光谱，还有一些超出人类视觉范围的光，例如：紫外线、红外线、微波等。这些光虽然不能被人类直接感知，但它们在生命科学、材料科学、通信等领域都有很重要的应用。例如：红外线在热成像、红外夜视、通信等领域有着广泛的应用。

3. 干涉性

光的干涉性是指在两个或多个光波相遇时，它们的振幅会相互叠加和干涉，形成一定的干涉图样。这是由于光波的电磁性质以及波动性质导致的。干涉现象可以通过实验进行观察，例如：双缝干涉、薄膜干涉、牛顿环干涉等。在这些实验中，光波的相位差会影响干涉图样的形状和位置，因此控制相位差可以实现对干涉图样的调制和利用。光的干涉性在科学工程中有广泛的应用，包括在干涉仪、激光技术、光学显微镜、光学成像等研究中都有重要的作用。

除了传统的光学研究领域，光的干涉性还在许多现代科技领域得到了应用。例如：在光刻技术中，光的干涉性可以被用来控制光束的相位和干涉图样的形状，从而实现高精度的微纳加工；在光纤通信中，干涉仪被用来检测和调节光信号的相位和强度，从而实现高速和高容量的光信号传输。

4. 折射性

光的折射是指光线在两种不同介质中传播时的路径发生偏折的现象。当光线从一种介质射向另一种介质时，由于介质密度的不同，光线会发生偏折，并按照一定的规律传播。这种偏折是由不同介质的不同折射率所引起的。折射率是介质对光的传播速度的比值，不同介质的折射率不同，因此光线在不同介质中的传播速度也不同。当光线从一个介质进入折射率较大的另一个介质时，它会向法线方向弯曲；反之，当光线从一个介质进入折射率较小的介质时，它会离开法线方向弯曲。

斯涅尔定律描述了光线在两种介质中的折射关系，它表明入射角、

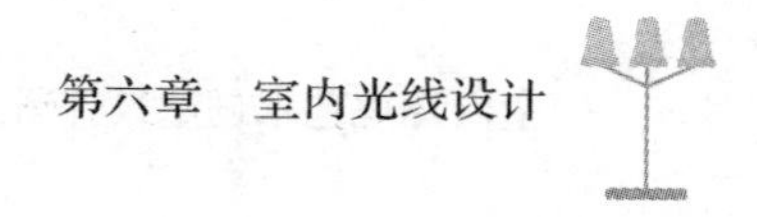

折射角和两种介质的折射率之间存在一个固定的数学关系，即：“$n1\sin\theta1 = n2\sin\theta2$”，其中“n1”和“n2”分别是两种介质的折射率，θ1 和 θ2 分别是入射角和折射角。这个定律对于光学设计和实际应用具有非常重要的意义。

5. 反射性

光的反射性是指光线碰到一个表面时，会产生反射现象，即光线从表面反弹回去。光线反射的角度和入射角度相等，这个规律被称为反射定律。

光线的反射是由于光波与介质的界面产生了反射，界面上的介质对光线的传播速度有很大的影响。当光从一种介质传播到另一种介质时，光线会因折射率的变化而改变方向，当光线垂直于介质的表面时，光线不会发生折射，而会发生反射。

光线反射的规律可以用反射定律来描述，反射定律指出，入射角和反射角之间的关系是相等的。也就是说，光线与垂直于表面的法线形成的角度相等，光线在反射后的方向与入射角度对称。

6. 散射性

光的散射，是指光通过不均匀介质时一部分光偏离原方向传播的现象。偏离原方向的光称为散射光。散射光频率不发生改变的有丁铎尔散射（丁达尔效应）、分子散射；频率发生改变的有拉曼散射、布里渊散射和康普顿散射等。丁达尔散射首先由 J. 丁达尔研究，是由均匀介质中的悬浮粒子（如空气中的烟雾、尘埃）以及乳浊液、胶体等引起的散射。真溶液不产生丁达尔散射，化学中常根据有无丁达尔散射来区别胶体和真溶液。分子散射是由分子热运动所造成的密度涨落引起的散射。频率发生改变的散射与散射物质的微观结构有关。

7. 偏振性

光的偏振性是指光波振动方向的性质。在电磁波理论中，电场和磁场沿着垂直于光传播方向的平面内振动，而这个平面被称为偏振面。如

果光波中的电场振动方向固定不变，则称该光波为偏振光。

根据光波中电场振动方向的变化情况，可以将偏振光分为线偏振光、圆偏振光和椭圆偏振光。线偏振光的电场振动方向沿着一条直线，圆偏振光的电场振动方向沿着圆周运动，而椭圆偏振光的电场振动方向则沿着椭圆运动。

光的偏振性在许多领域中都有应用，例如：光学仪器中的偏振器、电子显示屏中的液晶偏振器、光通信中的偏振保护等。

8. 色散性

光的色散性是指光在介质中传播时，不同波长的光具有不同的折射率、传播速度和相位速度的现象。产生这种现象的原因是由于不同波长的光与介质中的原子或分子发生相互作用，导致其传播速度、折射率和相位速度出现差异。

在一个介质中，光的传播速度和折射率通常都是随着光的波长变化而变化的。光的折射率是指光在真空中的传播速度与光在该介质中的传播速度之比，通常表示为 n，而光的相位速度是指光波的相位传播速度，通常表示为 v。

光的色散性可以分为正常色散和反常色散两种。正常色散是指光的折射率随着波长的增加而减小，即波长较短的光比波长较长的光传播速度更快，如光在空气中的色散性就属于正常色散。反常色散则是指光的折射率随着波长的增加而增加，即波长较短的光比波长较长的光传播速度更慢，如某些玻璃材料和闪烁石的色散性就属于反常色散。

光的色散性在许多领域中都有广泛的应用，如光谱分析、光通信、光学仪器和材料分析等。例如：通过对光的色散性进行研究和利用，可以将白光分解成不同颜色的光谱，并利用光谱特征进行物质的分析和鉴定；在光通信中，通过利用光的色散性可以实现高速光通信的传输。

（三）光学及其发展

光学是研究光的行为和性质的物理学科。光是一种电磁波，在物理学中，电磁波由电动力学中的麦克斯韦方程组来描述；同时，光具有波粒二象性，光的粒子性则需要用量子力学来描述。

光学是一个历史悠久的学科，其发展历史十分悠久，最早可追溯至古希腊时期，虽然早期的光学并没有严格的学科界限区分，但是其中所蕴含的一些理论知识仍然在今天沿用。

古希腊时期的许多著名哲学家都对光的性质进行了研究和思考。毕达哥拉斯提出了“光的反射”和“视觉是由眼睛发射出去的光线所组成”的观点，认为光是由一种无形物质构成的。柏拉图认为光是由视觉器官发射出去的。亚里士多德认为光是一种物质，可以在空气、水和玻璃等介质中传播，也可以被反射、折射和干涉。欧多克索斯发现了透镜和反射镜，可以聚焦和放大光线，为后来的光学仪器的发明和发展打下了基础。克拉乌修斯研究了光线的传播和反射，发现了光的法则和光线的平行传播规律。这些古希腊哲学家对光学的研究，虽然没有像后来的科学家那样进行严密的实验和数学分析，但是他们的研究思想和观点对光学的发展产生了深远的影响。

进入 17 世纪，西方开始了光学的深入研究，当时牛顿提出了白光经过三棱镜后会分解成彩色光的理论。随后，欧洲的科学家们在这个基础上不断深入研究，逐渐发现了光的波动性、干涉和衍射等现象，推动了光学的理论和实践的发展。爱因斯坦提出了光电效应的理论，即当光照射到金属表面时，会释放出电子，这个理论奠定了量子力学的基础，也为后来的激光技术提供了重要的理论基础。

进入 20 世纪，光学研究进入新的阶段。20 世纪 50 年代，量子力学的发展促进了量子光学的研究，光被看作是由光子组成的，这种粒子性的理论为激光技术的发展和光学计算机等领域的研究提供了基础。20 世

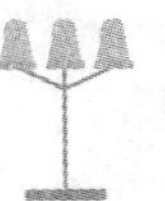

纪 80 年代，光学计算机开始出现。

如今，光学技术不断突破和创新，应用于更多的领域，包括超分辨率成像、全息存储技术、光电子学、光量子计算机、深空探测等。这些新兴技术的发展不仅带来了巨大的经济效益和社会效益，也为人类对自然界的认识和探索提供了新的思路和方法。

二、光的分类

光的表现形式十分多样，根据不同的划分依据和标准，可以将光划分为多种不同的种类。

（一）按照光的波长划分

按照光的波长分，可以将光分为紫外线、可见光、红外线、微波和射频、射线和伽马射线、X 射线、无线电波等。

1. 紫外线

紫外线是指波长范围在 10 ～ 400 nm 之间的电磁波。根据波长范围不同，紫外线又分为三个子类：波长范围为 10 ～ 100 nm 的真空紫外线（VUV）、波长范围为 100 ～ 280 nm 的中波紫外线（UV–B）和波长范围为 280 ～ 400 nm 的长波紫外线（UV–A）。

紫外线具有比可见光更高的能量，对人体和生物有一定的危害。例如：人体长期暴露在紫外线下会导致皮肤晒伤、皮肤癌、白内障等疾病，因此需要采取相应的防护措施。但是，紫外线也具有广泛的应用价值。例如：紫外线灯广泛应用于杀菌、杀虫、紫外线光刻等领域；紫外线成像技术则在医学影像、物质分析、安全检测等领域具有重要的应用价值。

2. 可见光

可见光是指波长范围在 400 ～ 700 nm 之间的电磁波，是人类肉眼可以感知的光。可见光是光学中最重要的一种电磁波，因为它是人类日常生活中视觉信息的主要来源。

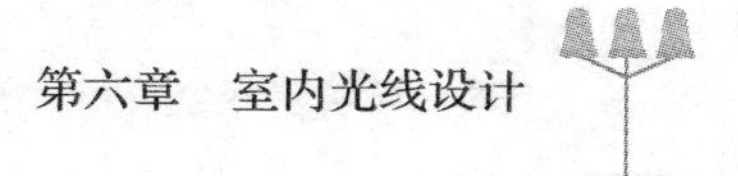

可见光的波长越短，颜色越偏蓝；波长越长，颜色越偏红。根据波长不同，可见光又可分为红、橙、黄、绿、青、蓝和紫七种颜色。每种颜色的光对应着不同的波长和频率，人类通过视网膜上的感光细胞，可以将这些不同颜色的光转化为视觉信息，进而感知周围的世界。

可见光是光学中最重要的一种电磁波，广泛应用于照明、显示、成像等领域。例如：白炽灯和荧光灯等广泛应用于室内照明；LED 和 OLED 显示器广泛应用于电子产品中的显示屏；相机和眼镜等成像设备则广泛应用于图像采集和处理等领域。

3. 红外线

红外线是指波长范围在 700 ～ 1000000 mm 之间的电磁波。与可见光不同，人类的肉眼无法直接感知红外线，但是许多物体会发射或反射红外线。因此，红外线成了探测物体温度和成像的重要手段之一。

根据波长不同，红外线又可分为三个子类：波长范围为 1 ～ 100 mm 的远红外线、波长范围为 3 ～ 1000 mm 的中红外线和波长范围为 0.76 ～ 3 μm 的近红外线。

红外线具有广泛的应用价值。例如：红外线热像仪可以通过探测物体发射的红外辐射来测量物体的温度分布，在军事、医疗、工业检测等领域有着重要的应用；红外线成像技术可以通过探测物体反射的红外辐射来获得物体的成像，在安全检测、气象等领域有着广泛的应用，等等。

4. 微波和射频

微波和射频都是电磁波，但波长和频率不同，应用领域也不同。

微波是指波长范围在 1 ～ 1000 mm 之间、频率范围在 300 ～ 300000 MHz 的电磁波。微波在通信、雷达、无线电传输、医疗、军事等领域有广泛的应用。例如：微波炉利用微波产生的热量加热食物；雷达利用微波测量目标的位置和速度；手机信号也是通过微波传输的。

射频是指频率范围在 0.003 ～ 300000 MHz 电磁波。射频在通信、无线电、广播、航空航天等领域有广泛的应用。例如：手机通信、电视广

播、卫星通信、导航系统等都是基于射频信号传输的。

5. 射线和伽马射线

射线是指波长极短、频率极高的电磁波，通常指 X 射线。射线具有穿透力强、能量高、具有一定的辐射危害等特点。

伽马射线是一种波长极短、频率极高的电磁波，是自然界中极为强大的电磁辐射之一。伽马射线具有穿透力极强、能量极高的特点，对人体和物体具有很强的辐射危害。

6. X 射线

X 射线是一种波长极短、频率极高的电磁波，具有穿透力强、能量高、具有一定的辐射危害等特点，在医学影像、工业、科学研究等领域有广泛应用。

7. 无线电波

无线电波是指频率范围在几千赫兹至几百吉赫兹之间的电磁波，具有较高的穿透力和广泛的传播能力，可以穿透一些障碍物，因此可以远距离传输信息，是现代通信领域中不可或缺的一部分。需要注意的是，由于无线电波对人体和环境都有一定的辐射危害，因此在使用无线电报设备时须采取相应的防护措施。同时，无线电波在使用时还需要遵守相关的法律法规和标准，以保证通信的安全和稳定。

（二）按照光的颜色划分

按照光的颜色分，可以将光分为红、橙、黄、绿、青、蓝和紫七种颜色。这七种颜色的光分别对应着不同的波长和频率，它们在自然界中广泛存在，并且人们在日常生活中也可以通过它们来感知周围的世界。

红光是指波长为 700 ～ 635 nm 的光；橙光是指波长为 635 ～ 590 nm 的光；黄光是指波长为 590 ～ 570 nm 的光；绿光是指波长为 570 ～ 500 nm 的光；青光是指波长为 500 ～ 490 nm 的光；蓝光是指波长为 490 ～ 450 nm 的光；紫光是指波长为 450 ～ 400 nm 的光。

（三）按照光的偏振性质划分

按照光的偏振性质划分，光可以分为线偏振光、圆偏振光和非偏振光三种。

1. 线偏振光

线偏振光是指在一个方向上振动的光，它的电矢量在一个平面内振动，垂直于振动方向的电矢量为零。线偏振光通常由某些物质通过选择性吸收或反射来产生，例如：偏光片、液晶等。

2. 圆偏振光

圆偏振光是指电场矢量的大小保持不变，但是振动方向在空间中沿着圆弧运动的光。圆偏振光是由某些物质对线偏振光进行旋转而形成的，如某些晶体、液晶等。

3. 非偏振光

非偏振光是指光的电矢量在所有方向上均匀分布，没有明显振动方向的光。非偏振光是自然光和人工光中最常见的一种，如太阳光、灯光等。

（四）按照光的产生方式划分

按照光的产生方式划分，光可以分为自然光和人工光两种。

1. 自然光

自然光是指自然界中产生的光，例如：太阳光、星光、火焰光等。自然光是非常广泛的，它的产生过程是自然界中的化学反应、原子、分子的跃迁以及辐射等自然现象引起的。

2. 人工光

人工光是指人类制造的光，例如：灯光、激光等。人工光的产生是通过人类的科技手段实现的，通常是通过电能、化学反应等方式转换为光能。

第二节　室内自然采光

一、采光与自然采光

采光在室内设计中具有重要的意义和价值，应该被视为一个基本的设计要素，采光的好坏直接影响着室内空间的舒适度。

（一）采光

采光是指通过建筑物的窗户或天窗等采集自然光线，并将其引入室内，提供充足的日光和照明，从而创造舒适和健康的室内环境。

总的来说，采光可以为室内空间提供良好的照明效果，还可以改善室内的细节和色彩，提高用户的体验感和品质感。此外，采光还可以降低室内的能源消耗，实现节能和环保的目标。

具体来讲，良好的采光具有以下几方面的优势：采光可以为室内创造出独特、多样、富有艺术性的照明效果，增强空间的表现力和艺术性；采光可以为室内提供足够的自然光线，帮助人们保持健康的生物节律和睡眠质量，降低视觉疲劳、头痛等不良反应的发生率；采光还可以为不同的空间和场景提供适宜的照明效果，丰富室内空间功能，满足不同用户的需求。另外，采光还能够从视觉上改善室内空间比例，使得室内空间更加开阔、宽敞，让人们感到更加舒适。

鉴于采光带来的诸多优势，设计师在进行室内设计时需对其重点关注。

首先，根本与核心便是光线的引入。设计师要通过建筑物的窗户、天窗、玻璃幕墙等，将自然光线引入室内，提供充足的照明。在采光设计中，窗户、天窗、玻璃幕墙的设计和布置是非常重要的。正确的位置和大小、适当的遮挡和调节，可以实现良好的采光效果。

其次，优化光环境。采光不仅仅是简单地将自然光线引入室内，还

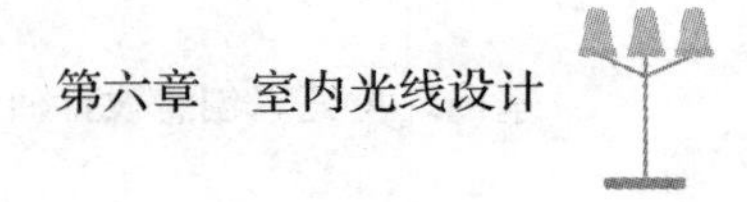

需要运用光学原理对光环境进行优化，以实现更加自然、柔和、均匀的照明效果。

再次，考虑节能与环保。采光不仅关乎照明效果和舒适度，还需要满足节能环保的要求。在采光设计中，设计师需要考虑建筑物的能源消耗和碳排放问题，选择合适的隔热和通风措施，以实现最佳的节能效果和环保效果。

最后，采光的设计应该具有灵活性。设计师要根据室内不同的空间和功能需求，选择不同的采光方案，以实现最优的照明效果。这需要对建筑结构和功能需求有深入的了解。

（二）自然采光

采光与自然采光都是指利用光线进行室内照明的方式，采光是指利用光源（如人工灯具）或光线（如自然采光）提供室内照明的一种方式。采光可以通过窗户、天窗、灯具等多种途径实现，可以是自然采光，也可以是人工采光。自然采光则是指利用自然光线提供室内照明的一种方式。自然采光是通过建筑物的窗户、天窗、玻璃幕墙等，将自然光线引入室内，为室内提供充足的照明。可以看出，自然采光属于采光的一种形式。接下来，编者对自然采光与人工采光的异同点进行简要论述。

人工采光的照明效果和舒适度主要取决于灯具的选择和灯光的亮度、色温等因素，灯光可以根据需求调整，可以在不同的时间、不同的环境下提供合适的照明效果和舒适度。但人工采光也存在亮度不均、光线刺眼等问题，需要进行适当的调节和处理。

自然采光的照明效果和舒适度主要取决于自然光线的强弱、颜色和方向等因素，自然光线可以提供更为柔和、自然、舒适的照明效果，同时还能够降低视觉疲劳、提高工作效率。但自然采光也存在光线不均、受气候条件影响等问题，需要进行合适的隔热、遮阳等措施。

此外，人工采光和自然采光还对室内环境的健康影响存在差异。人

工采光主要通过灯具进行照明，其对室内环境的健康影响主要取决于灯具的材质和光源的选择。而自然采光可以为室内提供自然光线和空气，有助于改善室内环境的质量和健康。同时，自然采光也有利于降低室内环境的能耗和碳排放，具有较高的环保性。

人工采光和自然采光作为两种不同的照明方式，在一些方面也存在相似之处。

首先，人工采光和自然采光都可以为室内提供照明，并且可以调节照明的强度和色温等参数，以满足不同场景和需求的要求。

其次，人工采光和自然采光都可以为室内提供舒适的室内环境，提高室内空间的品质和价值，使人们居住环境和工作环境更加舒适。

最后，人工采光和自然采光都需要进行合适的设计和布置，以实现最佳的照明效果。在设计和布置过程中，设计师需要考虑室内空间的结构、功能需求、节能环保、用户体验以及健康安全等方面，从而实现最优的照明设计效果。

综上所述，人工采光和自然采光虽然都是照明的方式，具有相通性。但在照明效果、舒适度、健康影响等方面存在差异。在进行照明设计时，应根据实际需求和场景选择最适合的照明方式，从而实现最佳的照明效果。

二、自然采光的关键因素

自然采光需要综合考虑各项因素，实现最佳的自然采光效果和设计效果。

（一）建筑朝向和开口方向

在自然采光的设计中，设计师应考虑建筑朝向和开口方向，以充分利用自然光线，达到最佳的采光效果。例如：在南北向建筑中，南侧应开设较大的窗户，以便充分利用阳光；在东西向建筑中，应尽可能地在东西两侧设置采光设施，以便充分利用日出和日落时的光线。在高层建筑中，由于建筑高度的限制，采光设施的设计需要特别考虑。在此情况下，设计师通常会选择开设大面积的玻璃幕墙，以便充分利用阳光。而在住宅建筑中，应根据居住需求和环境特点，选择合适的建筑朝向和开口方向，若在热带地区，应尽可能地避免太阳的直射，选择面向北侧或西侧的建筑朝向和开口方向；若在寒冷的地区，应选择面向南侧的建筑朝向和开口方向，以便最大化地利用太阳的热量。可见，在选择建筑朝向和开口方向时，需要根据地理位置、气候条件和用户需求等多方面因素进行综合考虑。

（二）透光材料的选择

透光材料的选择直接影响到室内的采光效果和舒适度。在自然采光的设计中，由于要考虑材料的安全性和耐久性等因素，更应选择透光性好、抗紫外线、隔热性好的材料，如低铁玻璃、智能玻璃、阳光板等。低铁玻璃具有高透光率；智能玻璃是一种可以调节光透过率的透光材料；阳光板是一种透明的高强度材料，适用于室外遮阳和室内装饰装修；有机玻璃则在具备抗冲击力的基础上具有很强的透光性；光导纤维是一种可以将光线导入室内的材料，可以使得深处的室内空间得到充分的采光，适用于内部空间狭小、难以直接获得自然光线的场所。总之，透光材料的可选择性越来越丰富，设计师必须结合空间环境的具体情况进行取舍，完成优质的自然采光设计。

（三）遮阳和反光设计

在自然采光的设计中，应考虑合适的遮阳措施，以控制室内的光线强度和均匀度。例如：在南侧的窗户中，可选遮阳板、窗帘等遮阳设施，以避免夏季的强阳光直射。在面积较大的窗户上可以贴上窗户反光膜，以降低室内光线强度，同时保护室内家具、装饰品等不受紫外线侵害。

在卧室、书房等场所可以选用能调节透光度的百叶纱窗，调节室内的光线强度和均匀度。

三、自然采光的设计流程

自然采光的设计流程（如图 6–1 所示）。

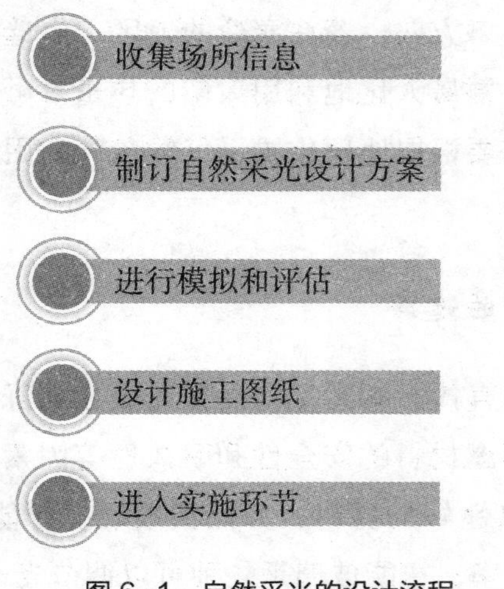

图 6–1　自然采光的设计流程

（一）收集场所信息

首先需要对场所进行全面的分析和信息收集，包括场所的朝向、地理位置、气候条件、使用功能、使用时间、人流量等因素。建筑物的朝向和地理位置会直接影响采光效果，南北朝向的建筑物阳光较为充足，而东西朝向的建筑物则受到遮挡的影响较大；不同地理位置的气候条件和日照时间也会影响采光效果。办公室和教室需要充足的采光来提高工作和学习效率，而博物馆和艺术展览馆则需要柔和、均匀的光线，以保护展品；建筑物内部空间的布局和面积会影响采光的分布和均匀度。例如：大开间需要更多的天窗和玻璃幕墙来保证光线的均匀分布；用户的需求和期望也是自然采光设计的重要因素之一，办公室员工通常需要光线充足、均匀的工作环境，而住宅业主则可能更注重采光的舒适度和住宅的私密性。

（二）制订自然采光设计方案

根据场所的信息和用户需求，制订自然采光的设计方案。方案制定过程中，应考虑采光的位置、透光材料、遮阳和反光设计、采光均匀性等因素，同时需要综合考虑建筑的结构和安全性等问题。具体来讲，设计师首先需要确定采光的位置，如天窗、窗户、玻璃幕墙等的开设、安装位置；还要根据采光的位置和功能需求，选择适当的透光材料，如低铁玻璃、智能玻璃、阳光板等。还要考虑环境保护和可持续性，选择环保、节能的材料和设计方案，以实现最佳的采光效果和环境效益。

（三）进行模拟和评估

在确定设计方案后，需要进行采光效果的模拟和评估。通过计算机辅助设计软件等工具，模拟不同时间段的光线进入室内的情况，评估采光效果和舒适度，并根据评估结果进行调整和优化。具体分为五步：第一，在进行模拟和评估之前，需要选择合适的模拟工具，如计算机辅助设计软件等。第二，输入场所信息，包括场所的朝向、地理位置、使用功能、使用时间、人流量、透光材料等参数，以便进行采光效果的准确模拟和评估。第三，根据输入的场所信息，进行采光效果的模拟，通过计算得出不同时间段和不同位置的光照度、光强度和光分布情况。第四，根据模拟结果，进行采光效果的评估和分析，评估采光的均匀性、光照度、舒适度等参数，以确定采光效果是否符合设计要求。第五，根据评估结果，对采光方案进行优化和改进，包括调整透光材料的类型和位置，增加或减少遮阳和反光设计等措施，以提高采光效果和舒适度。

（四）设计施工图纸

根据最终的自然采光设计方案，制订详细的施工图纸和技术方案。包括透光材料的具体规格、遮阳和反光设计的实施细节、灯具和控制系统的布局等方面。具体步骤：第一，绘制采光方案的平面图，标注采光位置、透光材料、遮阳和反光措施等信息。第二，绘制采光方案的立面图，标注采光高度、透光材料、遮阳和反光措施等信息。第三，绘制自然采光的施工图纸，包括采光设备的布置图、透光材料的安装图、遮阳和反光措施的安装图等。第四，在完成施工图纸后，需要对图纸进行审核和修正，以确保施工图纸符合规范和实际要求。第五，审核通过后，将施工图纸发放给相关的施工人员和监理人员，并确保施工过程中严格按照施工图纸执行。

（五）进入实施环节

在施工过程中，需要根据设计方案和施工图纸，实施具体的采光设计方案，同时进行施工现场的监督和管理。完成施工后，进行采光效果的验收和评估，确保自然采光的效果和质量达到预期目标。

施工和监督验收是自然采光设计的最后一个阶段，它是将采光设计方案实际落地的过程。在施工和监督验收的过程中，需要加强质量管理、安全保障和环境保护等方面的管理和控制，确保采光效果和施工质量符合设计要求，同时也要考虑环境保护和可持续性的问题。例如：在安装透光材料时，需要严格按照设计方案进行安装，并进行材料的质量检查和尺寸的精确测量，等等。

第三节　室内自然采光创意艺术设计

室内自然采光创意设计是在自然采光的基础上，通过创意的手法，让室内采光不仅具备实用性，还能更加美观、舒适，极具创新性。

一、采用镂空设计

镂空设计是一种常见的室内自然采光创意设计手法。这种设计主要是在建筑物外立面或室内隔断中设置透光孔，使室外的自然光线穿过透光孔，进入室内，从而实现室内自然采光。

（一）镂空设计的优点

镂空设计是一种既实用又美观的室内设计技巧，设计师可以根据具体情况和需求选择不同的镂空设计方案和材料，以达到最佳效果。镂空设计的优点如下：

第一，通过镂空的设计手法，可以让自然光线进入室内，增加室内光线，使室内更加明亮、通透。例如：可以在墙壁上创造出不规则的孔，让阳光自然地照射到室内，在增加室内采光度的同时还可以增加室内的空间层次感。

第二，镂空的设计元素还会产生特定的光影效果，增加了室内空间的艺术感和独特性。例如：天花板镂空设计是在天花板上创造出不同形状和尺寸的孔洞，让自然光线流入室内，产生美丽的光影效果。隔断镂空设计则是在室内的隔断上创造出不同形状和尺寸的孔洞，增加室内空间的通透感。此外，家具镂空设计是利用家具实现的独特设计，包括书架、衣柜等，家具镂空设计可以打造个性化的室内空间。

第三，采用镂空设计可以打破室内空间的单调性，增加室内空间层次感。

第四，采用镂空设计可以增加室内空间进光量，减少室内的人工照明，从而节约能源，降低设计成本。

（二）镂空设计的注意事项

虽然镂空设计优点众多，但若未按照相关规定或要求来进行设计，则很可能会产生相反的效果，设计师必须明确相关的注意事项。采用镂空设计需要注意以下事项：

第一，孔洞的大小和位置要适当。孔洞过大或位置不当会影响室内空气流通。

第二，材料的选择要合适。设计师进行材料选择时要考虑透光性和防水性等因素，以确保室内温湿度适宜。

第三，遮阳和隔热设计要充分考虑。在采用镂空设计的同时，设计师要加强遮阳和隔热设计，以避免室内空间受到阳光的过度照射。

（三）镂空设计的具体实践

设计师要根据不同的需求和情况选择合适的镂空设计方案和材料，以达到最佳效果。在实践中，需要确保设计的安全性和设计结构的稳定性，同时统一房间设计风格，以达到整体协调。

1. 确定孔洞的尺寸和形状

根据室内的需求和情况，确定孔洞的尺寸和形状。设计师要根据用户的实际需求，如需要增加室内的采光效果、保证室内空气流通、增加室内空间感等需求来确定孔洞的尺寸和形状。设计师还要考虑室内空间的比例关系，以保持室内整体的平衡和协调。

2. 选择合适的位置

在确定孔洞的尺寸和形状后，设计师要选择合适的位置进行镂空设计，选择位置的方法如下：

（1）功能需求。设计师要根据室内的功能需求来确定镂空的位置。例如：起居室需要采光和空气流通，可以在墙面上或天花板上进行镂空设计；厨房需要排气，可以在墙面或隔断上进行镂空设计。

（2）空间比例。在选择位置时，设计师还需要考虑室内空间的比例关系，以保持整个室内的平衡和协调。例如：在一个小的房间中，设计师设计过大或过小的孔洞都会使房间显得不协调。

（3）设计风格。选择位置时，设计师还需要考虑整个室内的设计风格，以保持整体美感和协调。例如：在现代风格的室内中，设计师可以选择较简洁而富有几何感的位置进行镂空设计。

（4）环境因素。在选择位置时，设计师还需要考虑室内的环境因素，例如：墙面材质、隔断结构等，以保证镂空的稳定性和安全性。

3. 确定镂空的深度

设计师可以根据实际需要确定孔洞的深度，以达到更好设计效果。例如：设计师可以选用长方形镂空、圆形天花板镂空、隔断镂空等。

4. 选择合适的材料

镂空设计可以使用各种材料，如木材、金属、石材等。选择合适的材料不仅可以达到美观的效果，还可以提高室内的隔音、保温等效果。设计师进行材料选择时需要考虑以下因素：

（1）稳定性和安全性。在选择材料时，设计师需要考虑其稳定性和安全性，以保证镂空结构的稳定和安全。例如：在选择墙面进行镂空设计时，设计师需要根据墙壁的厚度和承重能力确定适合的材料。

（2）质感和美观度。镂空设计也需要考虑材料的质感和美观度，以保持整个室内的平衡和协调。例如：在现代风格的室内中，可以选择金属或钢化玻璃等材料，以增加室内的现代感和质感。

（3）颜色和纹理。选择合适的颜色和纹理也可以为镂空设计增添美感和独特性。例如：在一个以木质元素为主的室内空间中，设计师可以选择木质材料进行镂空设计，以保持整个室内的协调和统一。

（4）易清洁性。在选择材料时，还需要考虑其易清洁性，以便于日后的维护和保养。例如：在厨房中进行镂空设计时，设计师可以选择易清洁的不锈钢材料，以便于日后的厨房清洁。

5. 考虑安全和结构稳定性

在进行镂空设计时，需要考虑安全和结构稳定性。例如：在选择墙壁进行镂空设计时，设计师需要确认墙壁是否能够承受空洞的重量，并

使用适当的支撑结构。

6. 整合设计风格

镂空设计需要与整个室内设计风格相协调。整合设计风格强调以下几点：

（1）保持一致性。镂空设计应该与整个室内的设计风格相一致，以达到整体的协调效果。例如：在一个现代风格的室内中，可以选择简洁的线条和几何形状的镂空设计。

（2）强调独特性。在整合设计风格时，也需要注意保留镂空设计的独特性，以突显室内特色。例如：在一个复古风格的室内空间中，可以选择使用装饰性强的材料和复杂的图案来进行镂空设计。

（3）创造对比。为了突出室内空间的层次感和艺术感，镂空设计也可以采用与周围环境形成对比的方式。例如：在一个大面积墙面中设置一个小而深的圆形镂空，可以创造出突出的艺术效果。

（4）强调功能性。在整合设计风格时，还需要考虑室内的实际需求，以保证镂空设计的实用性。例如：在厨房中进行镂空设计时，需要考虑其易清洁性和防火性等问题。

二、巧用各类反射设计

反射设计是一种利用反射材料和反射面，将室外自然光线反射入室内，实现室内自然采光的创意设计手法。利用并优化反射设计是室内自然采光创意设计的重要手段。既可以提高室内自然采光的亮度和分布均匀性，又可以减少室内的人工照明，降低能源消耗和成本，同时还可以提高室内空间的美感和舒适性。

各类反射方式的运用（如图 6–2 所示）。

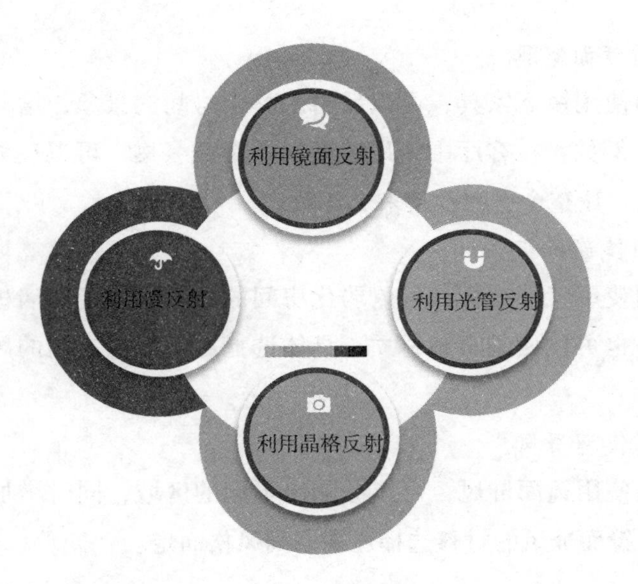

图 6-2　各类反射方式的运用

（一）利用镜面反射

在室内设置大面积的镜面反射材料，将室外自然光线反射到室内，从而提高室内自然采光的亮度和分布均匀性。设计师可以在建筑物顶部安装镜面反射材料，将阳光反射入室内，提高室内的自然采光；也可以在建筑的外墙或室内墙壁上安装镜面反射材料，增加室内自然光线；还可以在建筑的玻璃幕墙上设置镜面反射材料，增加室内自然光。

1. 安装墙面镜

在墙上安装一面镜子，可以反射出整个房间的景象，从而让整个空间看起来更宽敞。墙上的镜子可以使用大型的挂墙式镜子，也可以使用定制的镜面墙板。

2. 放置装饰镜

在房间中放置一些小型的装饰镜，可以反射出室内的装饰品和家具，增加室内的美感和艺术感。设计师可以选择不同形状和大小的镜子来达到最佳效果。

3. 使用镜面家具

在室内使用镜面家具，可以反射出整个房间的景象，增加空间感和装饰效果。例如：在客厅中使用镜面咖啡桌或餐桌，可以反射出座椅和其他装饰品，让整个空间看起来更宽敞。

4. 利用镜面墙板

在室内使用镜面墙板，可以弱化房间的压抑感。镜面墙板可以使用玻璃材质，也可以使用金属材质，具体选择可以根据空间的风格和需求确定。

5. 利用镜面屏风

在室内使用镜面屏风，可以分隔出不同的区域，同时增加空间感和装饰效果。镜面屏风的材料选择也视空间风格而定。

（二）利用导光管反射

在室内利用导光管等材料，将室外自然光线通过导光管反射到室内，从而实现室内自然采光。

1. 利用导光管墙面反射

在房间中安装一个或多个导光管，将导光管设置在离墙面较远的位置，使其反射的光线能够照射房间的各个角落，从而增加整个房间的亮度。

2. 利用导光管地面反射

将导光管安装在地面或者地板上，使其反射的光线能够照射到天花板和墙壁上，从而增加整个房间的亮度。这种方法尤其适用于天花板较高或者墙面较暗的房间。

3. 利用导光管家具反射

在家具上安装导光管，使其反射的光线能够照射整个房间，从而让室内空间更明亮。这种方法适用于表面没有复杂装饰的家具。

4. 利用导光管吊顶反射

在吊顶上安装导光管，使其反射的光线能够照射到房间的墙壁和地

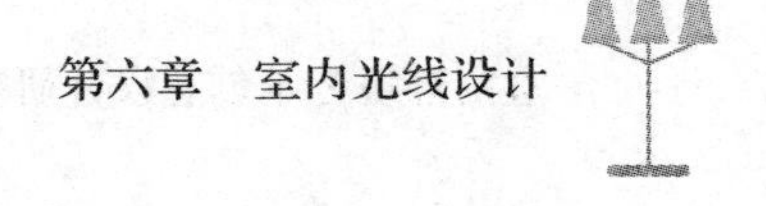

面，从而提升房间亮度。这种方法尤其适用于天花板较低的房间。

5. 利用导光管装饰房间

在房间中使用具有装饰性的导光管，通过其形状和颜色的变化，增加房间的装饰效果，同时利用导光管反射的效果，增加房间光线亮度和通透性。这种方法适用于需要增加房间装饰效果和照明效果的情况。

（三）利用晶格反射

晶格反射指的是利用晶体的结构性质，将光线在晶体表面反射和折射的现象。在室内设计中，晶格材料如水晶灯、玻璃、金属网格等可以通过其表面的晶格结构，反射和折射光线，从而增加室内的光线亮度和装饰效果。这种利用晶格材料反射光线的设计手法，可以让室内更加美观、亮丽，同时提高室内的采光效果。

1. 利用晶格吊顶反射

在室内的吊顶上安装晶格材料，利用其反射效果将光线照射到房间的墙壁和地面上，从而增加整个房间的亮度。

2. 利用晶格地面反射

在室内的地面上安装晶格材料，利用其反射效果将光线照射到天花板和墙壁上，从而增加整个房间的亮度。

3. 利用晶格墙面反射

在室内的墙面上安装晶格材料，利用其反射效果将光线照射到房间的其他墙面和地面上，增加房间的亮度。这种方法适用于需要增加房间光线亮度和装饰效果的情况。

4. 利用晶格家具反射

在家具上安装晶格材料，利用其反射效果将光线照射到整个房间，从而增加室内光线和装饰效果。这种方法适用于需要增加家具美感和光线亮度的情况。

（四）利用漫反射

漫反射指的是光线在不规则或粗糙表面上的反射过程。相较于镜面反射，漫反射的反射角度和光线方向更加分散，因此漫反射的光线更加柔和，不会产生强烈的光斑，能够有效地减少眩光和阴影，增加视觉舒适度。

在室内设计中，利用漫反射可以实现柔和的照明效果，使室内光线更加均匀，以下是一些利用漫反射的设计手法：

1. 使用漫反射材料

在室内的墙壁、天花板和地面上使用漫反射性能良好的材料，如石膏板、乳胶漆等，可以增加室内的光线柔和度与舒适感。

2. 使用漫反射灯具

选择光线较柔和、反射角度较广泛的灯具，如吸顶灯、落地灯等，可以实现漫反射的照明效果，使室内光线更加均匀，舒适度更高。

3. 利用漫反射家具

选择具有漫反射效果的家具，如布艺沙发、地毯等，可以使光线更加柔和，增加室内的舒适感。

三、智能化采光井

采光井是地下室外墙的侧窗以挡土墙围砌成的井形采光口，可解决建筑内个别房间采光不好的问题，同时还兼具通风和景观功能。智能化采光井是对传统采光井的发展与优化，通过使用智能化采光井，能够有效解决采光、通风不足的问题。并且由于信息技术的加持，采光井还可以根据不同的天气情况自动做出适当调整。

（一）智能化采光井的特点

智能化采光井的主要特点如下：

1. 智能化控制

智能化采光井采用智能化控制技术，可以实现自动开合采光井的功

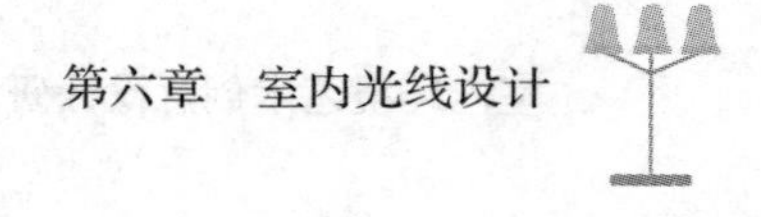

能。通过传感器检测室内和室外的光线情况，自动调节采光井的开合程度和时间，实现最佳的采光效果。

2. 远程控制功能

智能化采光井还可以设计远程控制功能，可以通过手机 APP 控制采光井的开合程度和时间。方便实用，节省时间和人力成本。

3. 安全防护

智能化采光井具备自我防护功能，可以避免因外力作用或意外情况导致的破损或引发的安全问题。目前大多采用防盗、防火、防水、防爆等技术，确保采光井的安全性和稳定性。

4. 节能环保

智能化采光井可以采用节能材料和设备，例如：高效隔热材料、低噪音电机等，以降低能耗，达到节能环保的效果。

5. 美观实用

智能化采光井设计精美，可以与室内环境融为一体，美观实用，同时还可以提高室内的采光效果和通风效果。

（二）智能化采光井的设计要点

1. 选择适合的传感器

智能化采光井需要配备传感器，以检测室内和室外的光线情况，根据实际需求调节采光井的开合程度。适配智能化采光井的传感器种类有很多，一般包括：

（1）压力传感器。可以检测采光井的开合状态，从而避免采光井开启时的风险。

（2）湿度传感器。除了温度传感器外，湿度传感器可以检测室内空气湿度，以此来判断是否需要开启或关闭采光井。

（3）烟雾传感器。可以检测室内的烟雾浓度，当检测到烟雾时可以自动关闭采光井以避免更多烟雾进入室内。

（4）二氧化碳传感器。可以检测室内空气中的二氧化碳浓度，以此来判断是否需要开启或关闭采光井，从而保证室内空气的质量。

（5）红外传感器。可以检测人员的活动情况，以此来判断是否需要自动开启或关闭采光井。

2. 设计自动控制系统

智能化采光井需要设计自动控制系统，以实现自动开合采光井的功能。自动控制系统根据传感器检测的室内和室外光线情况，自动调节采光井的开合程度，实现最佳的室内采光效果。

3. 考虑防护措施

智能化采光井可以采用防盗、防火、防水、防爆等技术来保证采光井的安全性和稳定性。

（1）防盗。安装防盗锁、报警器等防盗设备，防止不法分子破坏采光井或盗窃采光井内部设备。

（2）防火。采用防火材料，确保采光井发生在火灾时能够起到防火隔离作用。此外，还可以增加火灾报警器等设备，及时发现火灾并采取措施。

（3）防水。采用防水材料，避免采光井在雨水天气或水管漏水时被水浸泡或受损。此外，还可以增加水浸报警器等设备，及时发现水浸情况并采取措施。

（4）防爆。采用防爆材料，确保采光井在遇到燃气泄漏等情况时不会引发爆炸事故。

4. 设计远程控制功能

智能化采光井的远程控制功能具体可以通过以下技术实现：

（1）网络通信技术。利用网络通信技术，将智能化采光井与云端或用户的局域网连接起来，实现远程控制功能。用户可以通过手机 APP 或电脑进行远程控制。

（2）传感器技术。利用传感器技术，将采光井内部的光敏传感器、

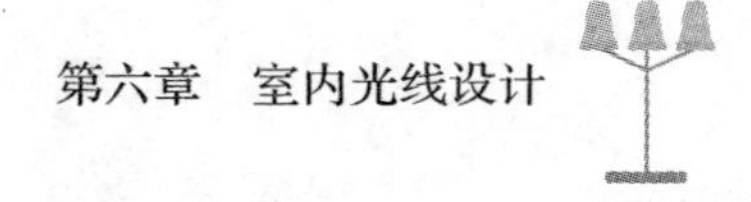

温湿度传感器获取的数据传输到云端或用户的手机 APP 上，用户可以随时了解采光井内部的情况，并进行相应的控制。

（3）控制器技术。利用控制器技术，将云端或用户发送的控制指令传输到采光井控制器中，实现采光井的远程控制。

（4）安全技术。利用加密技术，确保远程控制过程中数据的安全性，防止黑客攻击等不安全因素的影响。

5. 采用节能材料和设备

智能化采光井可以使用节能材料和设备，从而达到节能环保的效果。

（1）高效隔热材料。在采光井的制造过程中，可以采用高效隔热材料，例如：保温材料、太阳能反射材料等，以有效减少室内外温度差异对室内温度的影响，降低空调系统的能耗。

（2）低噪音电机。在采光井的设计中，可以选择低噪声电机，减少噪声污染，降低电机能耗，达到节能效果。

（3）高效光学材料。在采光井的设计中，可以采用高效光学材料，例如：玻璃纤维、聚碳酸酯等，以提高采光效果，减少人工照明的使用时间，从而降低能耗。

（4）低功耗传感器。在采光井的设计中，选择低功耗的传感器，例如：超低功耗光敏传感器、低功耗温湿度传感器等，以减少传感器对系统的能耗影响。

（5）自动控制系统。智能化采光井的自动控制系统可以根据室内外的光线情况自动调节采光井的开合程度和时间，避免人工干预导致的能耗浪费。

第七章　室内陈设与搭配

第一节　室内陈设的相关概念

一、室内陈设设计的定义与内涵

室内陈设设计是一门综合性专业，旨在通过布局、家具、装饰品、灯具、窗帘等物品的精心选择和搭配，创造出一个独特而舒适的室内环境。室内陈设设计需要考虑许多方面，包括空间规划、家具布置、颜色搭配、光照设计和氛围营造等。

（一）室内陈设设计的定义

简单来说，室内陈设设计是指室内陈设设计师在室内设计的过程中，根据环境特点、功能需求、审美要求、使用对象要求、工艺特点等要素，利用室内可移动物品搭配出和谐而舒适的、富有艺术氛围的、高品位的理想环境，给人以美的享受。在艺术设计领域，关于室内陈设设计的定义有着不同的见解和观点。

杨静、郝申、林家阳认为“室内陈设设计是一门研究建筑内部空间艺术效果与舒适度的专业，它随着现代工业文明的迅速发展而发展，并随着社会审美意识的普遍觉醒而壮大。它能冲淡和软化工业文明带来的冷酷感，创造出温馨和谐的生活环境并抚慰人们的情感。室内陈设艺术在现代室内设计中的作用主要体现在改善空间的形态、丰富空间的层次，柔化室内的感觉，表现空间的意象等方面。”① 龚斌、向东文则认为“室内陈设设计，又称室内软装饰设计、装饰装潢设计等。装饰和装潢原意指‘器物或商品外表’的‘修饰’，是着重从外表的、视觉艺术的角度来探讨和研究问题，主要指在不触及室内及建筑物结构的基础上对室内环境以及陈设物进行二次设计和加工、强化。”② 孙仲萍和任光辉则认为“室内陈设设计是指在室内设计过程中，设计者根据环境特点、功能需求、使用对象要求和工艺特点等因素，做进一步深入细致的设计，体现出设计者或业主的审美取向和品味理想的环境艺术。”③

（二）室内陈设设计的内涵

随着经济的发展及生活水平的不断提高，人们对家居生活提出了新的要求。室内陈设设计作为一个复杂的设计领域，其内涵包括多个方面。它不仅仅是单纯地布置家具和装饰品，更是一种旨在创造出美学、实用和舒适的室内空间的设计过程。室内设计师的工作不但需要实现建筑空间结构与功能的完美结合，还需要完成空间环境的风格化、品味化、艺术化，以提高生活品质。而室内陈设设计师应该具备丰富的空间想象能力，形体控制能力，以及色彩的构成、表现、平衡及关系把握能力，并熟悉构成要素、构成法则、构成方法等，不仅能灵活把握空间的层次关系及黑白灰的韵律，还应具有方案策划、语言沟通、手绘表现、计算机模拟，以及陈设组合表现技法等方面的能力。

---

① 杨静、郝申:《室内陈设设计》，中国轻工业出版社，2018，第 12 页。
② 龚斌、向东文主编《室内设计原理》，华中科技大学出版社，2014，第 62 页。
③ 孙仲萍、任光辉主编《室内陈设设计》，中国海洋大学出版社，2014，第 1 页。

从某种角度上讲，室内陈设设计并不是简单地摆放装饰品，而是自始至终与室内设计本身融为一体的一个重要设计方面，是以特定空间为基础，以装饰为依托，集社会学、文学、艺术学、建筑学等于一体，根据不同时期和地域的陈设风格选择各异的陈设材料及安装形式，依据陈设艺术的美学要求与原则采取独特的陈设方法与技术，完美表现空间的艺术效果。好的室内陈设设计能使整个室内空间有生机与活力。因此，室内设计离开了室内陈设这个“灵魂”就不能称为完整的室内设计。

（三）室内陈设设计的特点

室内陈设设计具有多种特点，主要包含文化性、交互性、实用性、艺术性、创新性、差异性。

1.文化性

室内陈设设计是一门文化性很强的设计专业，属于与人们的生活、文化和情感密切相关的设计。它涉及设计师对文化背景、社会风俗、审美理念等方面的了解和把握，以此来为设计注入文化内涵和人文气息。

首先，室内陈设设计的文化性体现在设计理念和风格上。不同的文化背景、不同的审美观念会影响到设计师的设计思路和风格表现。例如，欧式风格强调浪漫主义情调和华丽的装饰，体现出欧洲文化的浪漫主义和艺术气息；而东方风格则更加注重线条的简洁和风格的素雅，体现出东方文化的典雅和内敛。

其次，室内陈设设计的文化性表现在设计元素和细节上。设计师可以从文化的角度出发，运用不同的设计元素和细节，来表达设计的文化内涵。例如，在中式风格的室内陈设设计中，可以采用花鸟、山水等传统图案和造型，以及红木材质等传统元素，体现出中华优秀传统文化的独特魅力。此外，设计师可以运用一些民族元素来体现当地民族的文化特色，比如在西南少数民族地区的室内陈设中，设计师可以运用彩绘木制家具、竹编装饰、苗绣窗帘等元素来展现当地民族的文化特色。

最后，室内陈设设计的文化性还表现在设计中的艺术性和故事性上。设计师可以从文化的角度出发，通过设计中的各种元素和细节，来讲述设计背后的文化故事和意义。比如，在一个咖啡厅的室内陈设设计中，设计师可以通过灯光、音乐、摆设等元素，来营造出浪漫的巴黎文化艺术氛围，给顾客一种独特的文化体验和感受。

2. 交互性

就设计表达而言，陈设品在室内空间绝不是简单的摆设，服务于使用者的生活需要是室内陈设设计的最终目的。首先，陈设品之间有交互性，包括使用功能的互补、色彩的对比、形状的交融等；其次，陈设品是有艺术生命的，使用者必须与它们形成互动，去使用它们、感受它们，明确它们存在的意义，即有的是休息时用的，有的是工作时用的。如果脱离了与人之间的关系，陈设品的存在就形同虚设，室内陈设设计也就失去了它的艺术性和交互性。

3. 实用性

实用性是室内陈设设计的基本要求之一，设计师需要根据空间的实际情况和使用需求，灵活运用设计技巧和手法，来满足人们对室内环境的实用需求。

首先，室内陈设设计的实用性体现在家具与设备的选材和使用上。设计师需要选择耐用、易清洁、环保、健康的材质，如实木、石材、玻璃等，以便家具和设备具有良好的品质和使用寿命。例如，在客厅的室内陈设设计中，设计师需要选择舒适、耐用、易于清洁，以及风格与整体设计相匹配的沙发。在厨房的室内陈设设计中，设计师则需要选择具有实用性和便利性的家用电器，等等。

其次，室内陈设设计的实用性表现在室内空间的规划和布局上。设计师需要考虑空间的大小、形状和使用功能等因素，合理布局室内空间，以使空间利用率最大化，同时符合使用需求。例如，在厨房的室内陈设设计中，设计师需要根据功能需求和使用习惯，合理设置灶台、操作台、储物柜等家具及设备，以便厨房的工作流程更加顺畅和高效。

再次，室内陈设设计的实用性还涉及室内空间的灯光、通风、采光等方面。设计师需要考虑灯光的明暗度、色温、位置等因素，以便创造出适合不同需求的室内环境；设计师还需要考虑通风和采光等方面，以保证室内环境的舒适度和健康性。

最后，室内陈设设计的实用性还涉及室内环境的安全性。设计师需要考虑家具、设备、灯具等的安全性和稳定性，以保障人们在室内环境中的安全。

4. 艺术性

室内陈设设计的艺术性指的是设计师在室内设计中运用艺术手法和设计元素，创造出美观、富有个性和艺术性的室内环境。

在整体设计上，设计师需要考虑空间大小、形状和功能需求等因素，在空间布局上创造出协调、平衡和谐的环境，通过比例感和布局手法创造出通透、舒适、美观的空间。在家具和装饰品的选择上，设计师需要考虑颜色、材质、形状和款式等因素，以创造出独特、美观和富有艺术感的家具和装饰品。

5. 创新性

室内陈设设计的创新性是指设计师在室内陈设设计中，运用新的思维、理念和方法，创造出独特、前卫和具有探索性的设计作品。创新性是室内陈设设计的一个重要方面，可以激发设计师的创造力和设计思维，帮助设计师在激烈的市场竞争中脱颖而出。

首先，室内陈设设计的理念和风格具有创新性。设计师需要在设计理念和风格上进行创新，以满足不同用户对室内环境的需求。例如，设计师可以采用可持续发展的设计理念，将环保材料和绿色环保概念融入室内陈设设计中，创造出绿色、健康、舒适的室内环境。

其次，室内陈设设计的元素和细节具有创新性。设计师需要灵活运用多种设计元素和细节，以创造出具有独特风格和个性的室内陈设设计。

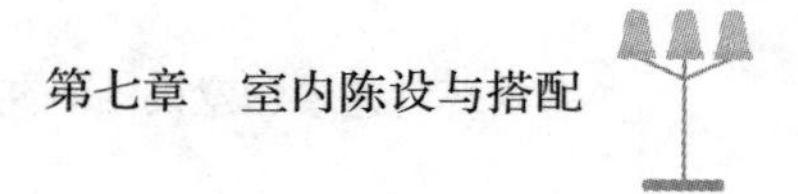

例如，在颜色运用方面，设计师可以使用大胆、明亮的颜色搭配，创造出视觉冲击力强、富有活力的室内环境。

最后，室内陈设设计对空间运用和布局利用具有创新性。设计师需要创新地利用空间和布局，以创造出具有独特、前卫和功能性的室内环境。例如，设计师可以通过折叠式家具、可移动墙板等方式，灵活地使用和布置空间，以满足用户的不同需求。

6. 差异性

室内陈设设计具有差异性，这种差异性是由于不同的原因所造成的，一部分差异性源自客户的需求，不同的需求则会促使设计师进行不同的设计。一部分差异性源自设计师本人的设计理念与设计手法，其设计实践的差异化安排决定了设计的差异性。此外，室内的具体情况也对陈设设计有很大影响，设计师必须“因地制宜”，根据不同的空间内部的具体情况来确定设计方案。

二、室内陈设设计的目的与任务

室内陈设设计的主要目的与任务是创造一个舒适、实用、美观、安全和符合功能需求的室内环境。具体体现在如下几点：

第一，提高居住者的生活品质。室内陈设设计是为了提高居住者的生活品质而进行的设计。它通过合理的布局以及适当的灯光和色彩组合，呈现出时尚、和谐的设计效果。

第二，增强居住舒适度。室内陈设设计可以根据房间的功能和不同人群的需求，创造出适合居住者的舒适空间。例如，通过选择合适的家具和灯光，可以提高卧室的睡眠舒适度。

第三，表达个人品位和风格。室内陈设设计可以根据客户的喜好和风格，创造出符合其个性和品位的空间，表达其独特的审美观和风格。

第四，提高空间利用率。室内陈设设计可以通过合理的布局和家具选择，最大化利用空间。例如，在小空间中选择开放式布局，可以提高空间的通透感和可用性，同时也可以为居住者提供更多的活动空间。又如，使用透明玻璃门或隔断可以让室内空间更加开阔，同时也可以提高采光效果。

第五，提高安全性和环保性。室内陈设设计可以选择符合安全标准和环保要求的材料和家具。例如，对于地板材料，可以选择防滑、抗震、耐磨的材料，这些材料可以避免居住者发生滑倒、摔倒等意外。另外，还可以选择防火、无毒、无辐射的材料，保证室内空气质量，避免有害物质的释放。又如，对于儿童房，需要选择没有锋利边角的家具，以防止儿童意外受伤；对于厨房，需要选择耐磨、易于清洁的家具，以避免家具磨损和污染。

三、室内陈设设计与室内设计的关系

室内陈设设计和室内设计都是与室内环境相关的设计领域。室内设计是一个综合性的设计，包括了室内空间的布局、陈设、照明、色彩等方面的设计，而室内陈设设计则更加注重家具、配件、装饰等元素的设计和安排。它们之间的关系可以从以下几个方面进行详细说明：

（一）包含关系

室内陈设设计与室内设计有包含关系，室内陈设设计是室内设计的一个组成部分，它关注的是室内环境中的家具、配件、装饰等元素的设计和安排。而室内设计则更加全面，涉及室内空间的布局，包括墙壁、地面、天花板、照明等方面的设计，它囊括和包含了一切室内陈设设计需要关注的内容。

（二）依存关系

室内陈设设计和室内设计是相互依存的。室内陈设设计师需要了解室内设计的整体风格和需求，以此来设计符合整体风格的家具和装饰。

室内设计的整体风格和布局需要和室内陈设设计相匹配，室内陈设设计的家具、配件和装饰元素需要与室内设计的整体风格协调一致，这样才能营造出整体统一、和谐美好的室内环境。例如，在现代简约风格的室内设计中，家具和配件通常是简单、纯净、线条流畅的，颜色也偏向于白色和黑色等基础色调，以营造出干净利落、现代感强的室内环境。而在传统欧式风格的室内设计中，家具和配件通常比较复杂、华丽，色彩也较为丰富，以营造出优雅、古典的室内环境。

此外，设计师需要考虑到室内设计的空间布局和功能需求，从而根据上述内容选择合适的室内陈设设施，使室内环境更加舒适、实用和美观。例如，在小空间的室内设计中，室内陈设设计师需要选择能够节省空间的多功能家具和嵌入式家具，从而最大化地利用空间，提高空间利用率。在儿童房的室内设计中，室内陈设设计师需要选择安全、实用、耐用的家具和配件，同时还要考虑到孩子的年龄、爱好和性格等因素，设计出具有儿童特色的室内环境。

（三）补充关系

室内陈设设计可以弥补室内设计的不足，例如空间狭小、采光不足等。室内设计在空间的设计上有时难免会存在一些缺陷，而室内陈设设计可以通过合理的家具和装饰，来弥补室内设计的不足，提高室内空间的实用性和美感，创造出一个舒适、美观、实用的室内环境。

当室内空间比较小，设计师难以安排足够的存储空间或使其显得更加宽敞时，室内陈设设计可以通过选择合适的家具和装饰来弥补这些不足。例如，使用具有多功能性的家具，如床下储物箱或内置式书柜等，可以最大限度地利用空间。选择透明材料的家具，如玻璃茶几或不带扶手的透明椅子，可以使室内空间更显宽敞。

当室内采光不足，室内环境显得阴暗，室内陈设设计可以通过选择合适的照明和装饰来改善室内光线。例如，在光线不足的房间里，使用明亮的色彩和光泽感强的材料，如玻璃和镜面，可以反射光线并使室内更明亮。选择适合光线的照明装置，如吊灯、壁灯和落地灯等，可以增加室内的光线。

当室内设计缺乏个性化时，室内陈设设计可以通过选择符合居住者喜好的家具和装饰，来增加室内的个性化和魅力。例如，可以使用家具和装饰来表现居住者的个性和喜好，如在墙上悬挂一些居住者喜欢的艺术品或照片，或者在床上放置一些居住者喜欢的彩色枕头和毯子等。

第二节　室内陈设的种类与作用

一、室内陈设的种类

室内陈设物品种类繁多，大致可以分为实用性陈设与装饰性陈设，而在这两大陈设种类之下，又可细分为多种类型，包括家具、灯光、织物、工艺品、字画、盆景，以及插花、挂物、室内装修等内容。

（一）家具

家具可以用于定义空间和展示个人风格，它们对于创造出一个美观、实用的室内环境具有重要作用。在家具的选择和布置上，设计师需要考虑与整体空间的风格和氛围的协调，以及家具的功能性、舒适度等因素。因此，在室内陈设设计中，家具是不可或缺的一部分。

在不同的室内空间，则需要不同的家具，以充实和搭配设计风格。

客厅：沙发、沙发椅、茶几、角几、电视柜、酒柜，以及装饰柜。

过道：鞋柜、衣帽柜、玄关柜、隔断。

卧室：床、床头柜、榻、抱枕、衣柜、梳妆台、梳妆镜、衣帽架。

厨房：橱柜、抽油烟机、灶具、挂件、冰箱、微波炉、烤箱、餐具。

餐厅：餐桌、餐椅、餐边柜、角柜、吧台。

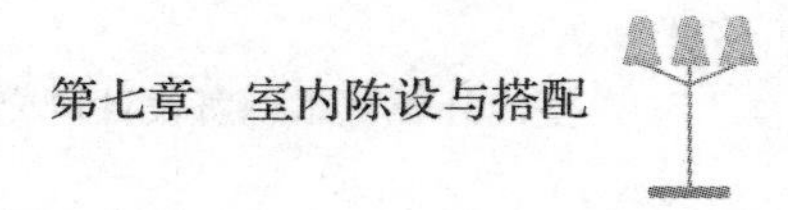

卫生间：洗脸盆、坐便器、淋浴屏、浴缸、花洒、墩布池、小便斗、手纸篓。

书房：书架、书桌椅、文件柜。

门厅：鞋柜、衣帽柜、雨伞架。

（二）灯光

灯光不仅是必要的照明工具，还可以通过不同的光源、光色、光强和灯具类型来调节房间的氛围，强调房间的设计要素，进而提高室内陈设的美感和舒适性。

灯光可以通过照明和投射来突出房间的设计要素，比如墙上的装饰画、艺术品、家具等，使其更加突出和引人注目。

灯光可以改变房间的氛围和情调，比如明亮的灯光可以让房间感觉更加开放和欢快，而柔和的灯光则可以营造出温馨和浪漫的氛围。

灯光可以通过不同类型和位置来调节房间的空间感和层次感，使其更加开阔、宽敞或者舒适。

灯光还可以补充房间其他照明工具的不足，以满足不同的照明需求。也可以用来体现房间的整体风格，比如选择适合的灯具、光色和灯光位置，可以创造出现代、复古、浪漫、奢华等不同的风格效果。

总之，灯光和室内陈设之间的关系十分密切，是室内陈设物品中极具代表性的一类。

（三）织物

织物是室内陈设设计的重要组成部分，随着人们生活水平和审美趣味的提高，织物陈设品的运用越来越广泛。织物陈设品以其独特的质感、色彩及设计所赋予室内空间的那份自然、亲切和轻松，越来越受到人们的喜爱。它包括窗帘、帷幔、地毯、壁毯、屏风、灯罩、壁布、顶饰、坐垫靠垫、床上用品，以及餐厨织物、卫生盥洗织物等，既有实用性，

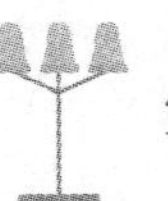

又有装饰性，还可以起到调整室内色彩、弥补室内装饰的不足，增强室内艺术气息的作用。

具体来讲，织物的作用体现在五个方面：第一，提供必要的功能性。织物可以用来制作窗帘、窗纱、遮阳帘、隔音垫等。第二，增加房间的美感。通过选择合适的织物材质、颜色和图案，可以使房间更加温馨、舒适。第三，调节房间的色彩和氛围。通过调节房间的色彩和氛围，可以为居住者带来温馨之感。第四，增加房间的层次感。通过巧妙地使用不同类型、颜色和质地的织物，可以增加房间的层次感，使其更加立体和丰富。第五，可以与其他家具搭配。比如抱枕、地毯、沙发套等织物可以通过与其他家具搭配，从而增加房间的美感和舒适性。

（四）工艺品

工艺品专指工业化时代，通过机器成批量生产的，有一定艺术属性的，能够满足人民群众日常生活所需，具有装饰、实用功能的商品。它们来源于人们的生活，却又创造了高于生活的价值。它是人类的智慧和现代工业技术的结晶。

工艺品与室内陈设之间有密切的关系。工艺品是一种具有艺术性和实用性的制品，可以作为室内装饰的一部分，为室内环境增添美感和艺术氛围。通过合理选择和摆放工艺品，可以使室内空间更加具有个性和魅力。在室内陈设中，工艺品的作用不仅仅是点缀和装饰，它们还可以作为室内设计的灵感来源，反映出居住者的个性和文化背景。例如，挂在墙上的抽象画、摆在书桌上的青铜器、摆在茶几上的陶瓷杯子等，都可以让客人感受到居住者的审美和文化追求。

因此，在进行室内陈设设计时，应该注重选择和搭配工艺品，使其与整个室内环境相互呼应、相得益彰，从而打造一个温馨、舒适、充满个性的家居空间。

工艺品不是毫无灵魂的器物，而是包含丰富文化元素，兼顾文化属性、物质属性的艺术品。优秀的工艺品需要经过精良的手艺和制作过程，具有独特的艺术风格，丰富的文化内涵，且具有实用性和装饰性。在我国室内陈设设计中，工艺品多为具备传统文化元素的产品，比较常见的有陶瓷制品、青铜器、国画作品、木雕作品等。例如，陶瓷质地的茶壶、花瓶、餐具；青铜质地的瓶、鼎；具有浓郁传统意象和写意性的国画作品、木雕作品、木质屏风、摆件等。

总之，室内工艺品具有丰富的文化内涵和装饰价值，能够为室内环境增添一份独特的韵味和艺术氛围，因此，在进行室内装饰时，合理选择和搭配工艺品是非常重要的。

（五）字画

字画属于古玩的代表之一，其贵在于它是纯艺术品，一些名人字画更是稀世之宝。随着人们生活水平和文化素质的不断提高，历来为文人雅士所喜爱的古玩、字画等藏品，越来越多地走进寻常百姓家中，我国各地古玩文物交易也日趋红火。字画可以为室内环境增添更加浓郁的文化气息和魅力，充分体现居住者或房间使用者的文化素养。通过合理摆放字画，不仅能够给室内陈设起到画龙点睛的作用，还能够起到调节室内氛围的作用。

作为传统艺术形式和室内陈设的重要物品，字画具有多种类型，大致可分为书法类和绘画类，而对这两种类型还可以进行深入划分。例如，书法类可以分为篆书、隶书、楷书、行书、草书等；绘画类可以分为人物画、山水画、花鸟画等。

（六）盆景

盆景同样在室内陈设设计中发挥着重要的作用。盆景是一种以小型盆栽为主的园艺艺术形式，通常用于室内的装饰。在室内，盆景常被用来增加室内的自然氛围和艺术感。通过将盆景摆放在室内的不同位置，如窗台、书桌、茶几等地方，可以使整个空间更具生机。同时，盆景的形态、花色和造型等也可以与室内的其他装饰品相呼应，共同营造出一种和谐、统一的装饰效果。在悦目的同时，盆景还具有赏心的作用，对于许多人来讲，他们对盆景的呵护、照料也是一种极大的乐趣。

盆景种类多样，包括花卉盆景、树木盆景、草本盆景、果树盆景等，不同的类别的盆景具有不同的特点，且适用于不同的室内风格。总之，盆景和室内陈设是相互促进、相互融合的关系。优秀的设计师往往能够巧妙运用盆景，为室内陈设增光添色。

二、室内陈设的作用

室内陈设作用广泛。其中，室内陈设品在室内环境中作用明显，室内环境也离不开陈设品。刘飞、袁玉华认为“室内环境中只要有人生活、工作，就必然有或多或少、不同种类的陈设品。空间的功能和价值也常常需要通过陈设品来体现，因此，陈设品不仅是室内环境中不可分割的一部分，而且对室内环境格调、气氛的影响很大。”① 室内陈设的作用（如图 7–1 所示）。

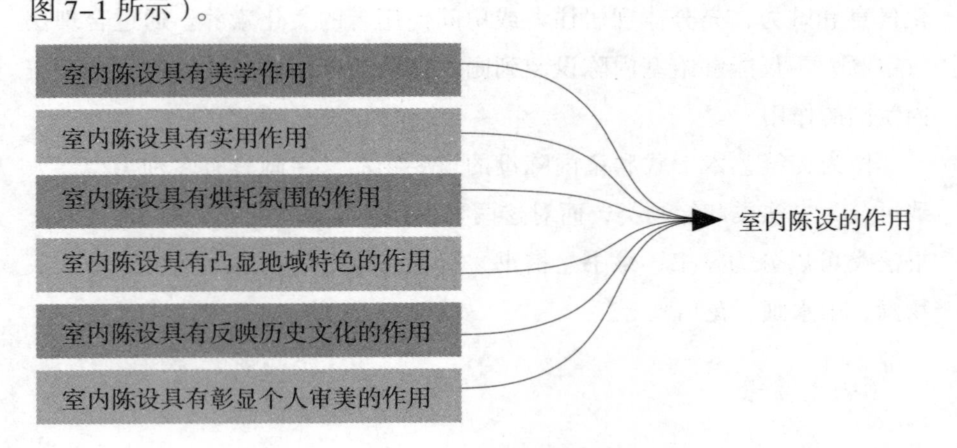

图 7–1　室内陈设的作用

① 刘飞、袁玉华主编《室内陈设设计》，华中科技大学出版社，2017，第 27 页。

（一）室内陈设具有美学作用

室内陈设的美学作用是指通过合理的家具、装饰和摆设来增强室内环境的美感，使其更加温馨、舒适、宜人。

第一，室内陈设可以通过颜色和纹理的搭配来创造出和谐、舒适的室内环境。选择恰当的颜色和纹理，能够为室内环境增添温馨和生机，使人们感到放松和舒适。例如，选择柔和的色调和光滑的纹理可以使室内环境看起来更加温馨舒适。

第二，室内陈设可以通过布置和摆放来创造出具有艺术感和美感的室内环境。摆设家具和装饰物品需要注意比例、形状、颜色等因素，使其与室内环境相协调，营造出整洁、有序的室内环境。摆放家具时需要考虑它们的功能和大小，以及它们与室内环境的搭配。例如，沙发可以摆放在客厅中央，以便和其他家具协调，同时营造出温馨、舒适的室内环境。在桌面上摆放一些装饰物品可以为室内环境增添一份艺术感和美感。例如，在餐桌上放一束鲜花或一些小型摆设物品，可以增加餐桌的美感，也可以使用餐的氛围更加愉悦。

第三，室内陈设可以通过反映居住者的个性和生活方式来增强室内环境的美感。选择家具和装饰物品需要根据个人喜好和生活方式，将个性化元素融入室内陈设中。例如，摆放展现个人品位的装饰品、展示自己的收藏品、使用喜爱的家具都可以让室内环境更具个性化和亲切感。

（二）室内陈设具有实用作用

室内陈设具有实用作用，虽然部分陈设物品仅仅是为了观赏，为了营造室内的艺术氛围，但是也有更多的陈设品具有一定的实用功能，能够为居住者提供很大的便利性，帮助他们完成一些日常生活中的事宜。

关于家电设备，冰箱、洗衣机、空调等是现代家居中必不可少的物品。它们可以提供实用、方便的服务，让居住者的生活更加舒适。同时，这些设备的摆放和使用也需要考虑到它们的大小、功率等因素，以及室内环境的安全和美观。空气净化器和加湿器是提高室内空气质量的重要设备。它们可以净化空气，去除有害物质。选择适当的空气净化器和加湿器可以根据居住区域的空气质量、季节变化和居住者的需求来进行。娱乐设备如电视、音响、游戏机等可以为居住者提供娱乐和休闲的空间。选择适当的娱乐设备可以根据居住者的喜好和娱乐需求来进行。

关于餐桌和椅子，它们是餐厅或饭厅中的必备家具。它们可以为居住者和客人提供舒适的用餐空间，让用餐更加方便。

此外，地毯和地垫可以为室内环境增添温馨感，同时还可以起到隔音、防滑和保护地面的作用。可见，许多室内陈设除了具备一定的美感之外，其自身的实用作用亦是不容忽视的。

（三）室内陈设具有烘托氛围的作用

室内陈设具有烘托氛围的作用。其陈设品在室内环境中具有较强的视觉感知度，因此陈设品对营造室内环境的氛围具有重要作用。例如，人民大会堂顶部灯具的陈设形式是以五角星灯具为中心，围绕着五角星灯具布置“满天星”，使人很容易联想到在党中央的领导下“全国人民大团结”的主题，烘托出一种庄严的气氛。再如，室内陈设设计将盆景、字画、陶瓷器与传统样式的家具相组合，创造出一种古朴典雅的艺术环境气氛。地毯、窗帘等织物的运用，可以使天花板过高带来的空旷、孤寂感得到缓解，营造出一种温馨的氛围。

在日常生活中，选择暖色调的灯光和柔软的沙发、毯子等家具，可以让室内环境看起来更加温馨舒适，营造出温馨浪漫的氛围；选择明亮的灯光、简洁的线条和明亮的色彩，则可以为室内环境增添现代感和活力，营造出清新时尚的氛围。

此外，选择不同的装饰和配饰也可以为室内环境增添不同的氛围。例如，选择大面积的绿植和自然材质的家具可以为室内环境增添自然和

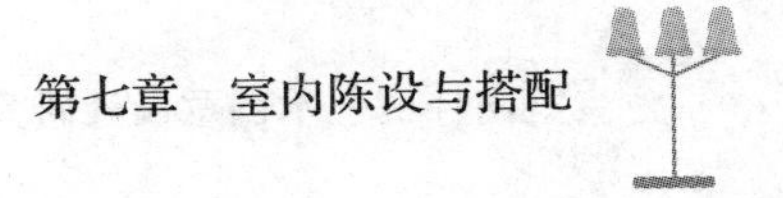

舒适感，营造出放松和平静的氛围；而选择艺术品、摆件和壁画等可以为室内环境增添文化气息和艺术感，营造出浪漫和艺术的氛围。

（四）室内陈设具有凸显地域特色的作用

杨静、郝申认为“许多陈设品的内容、形式、风格体现了地域文化的特征，如将旧时的门头作为室内装饰以体现江南的地域特色。地域文化的差异导致了陈设品的不同风格和形式。因此当室内设计需要表现特定的地方特色时，就可以通过陈设设计来满足特定地方特色的需求。”① 举例来说，中国的不同地区拥有不同的文化和传统，通过选择具有地域特色的家具和装饰可以凸显出这些文化特色。例如，在江南地区，人们常常选择具有唐代特色的木制家具和藤编家具，搭配清新柔和的色彩和自然的装饰品，营造出优美淡雅的氛围。而在西南地区，人们则倾向于选择粗犷自然的原木家具和布艺家具，搭配丰富多彩的手工艺品和地方特色的装饰品，营造出浓郁的民俗风情。

此外，选择具有地域特色的配饰也可以为室内环境增添不同的风情。例如，在法国乡村风格的室内环境中，人们常常选择具有法式特色的餐具和烛台，搭配精美的瓷器和花卉装饰，营造出浪漫的氛围；在印度风格的室内环境中，人们则喜欢选择具有印度风情的手工艺品和织物，搭配瑰丽的装饰和金属制品，营造出神秘的氛围。

（五）室内陈设具有反映历史文化的作用

室内陈设具有反映历史文化的作用，可以通过选择具有历史意义和文化价值的家具、装饰和配饰等，来反映不同历史时期和文化背景下的家居风格和审美特征，从而展示不同文化的历史和发展变迁。

陈设品的内容表现了各历史时期的生产水平。在我国，陶器、青铜

① 杨静、郝申:《室内陈设设计》，中国轻工业出版社，2018，第15页。

器是先秦文化象征；瓷器、织锦等是唐宋文化体现；高足家具则是宋元文化以后生活形态的反映，等等。陈设品以历史文化艺术为内涵，它往往反映一个民族的文化精神。

中国古代的家居风格通常是以木制家具和瓷器、陶器等器物为主，色彩以红、黄、绿、蓝等鲜明的色彩为主，装饰品常常选择以龙、凤、祥云、瑞兽等为主题的吉祥图案。在现代室内陈设中，可以通过选择具有明清特色的木制家具，搭配精美的古董瓷器和山水画等，反映古代文化和艺术的魅力。

在欧洲的历史文化中，巴洛克时期的家居风格通常以华丽装饰和强烈的视觉效果为主，如雕花装饰的大床、烦琐的铜器和精美的雕塑等，在现代室内陈设中，可以通过选择具有巴洛克特色的家具和装饰品来反映这一历史文化。

（六）室内陈设具有彰显个人审美的作用

室内陈设具有彰显个人审美的作用，可以通过选择与自己喜好和兴趣相关的家具、装饰和配饰等，来表达自己的个性和审美特点，营造出与众不同的个人空间。在选择家具时，可以选择与自己喜好相关的款式、材质和颜色，如喜欢现代风格的人可以选择简约、线条流畅的家具，而喜欢传统风格的人则可以选择复古风格的家具。在选择装饰品时，也可以根据自己的喜好来选择不同类型的装饰品，如喜欢艺术的人可以选择字画、雕塑等装饰品，而喜欢手工艺的人则可以选择手工艺品、瓷器等装饰品。同时，室内陈设还可以通过凸显个人风格化的摆放和布置方式，并考虑到它们的大小、形状、颜色和布局等因素，以营造出与众不同的个人空间，彰显个人审美。

第三节　室内陈设设计的基本原则

一、统一性原则

室内陈设设计的统一性原则是指在室内陈设中，不同的元素之间应该有一定的统一性，形成一个和谐的整体，从而达到更好的美学效果。包括家具、织物、艺术品、植物等，将这些物品融为一体，相互映衬，构建整体化的室内氛围。

具体来说，室内陈设设计的统一性原则包括以下几个方面（如图 7-2 所示）：

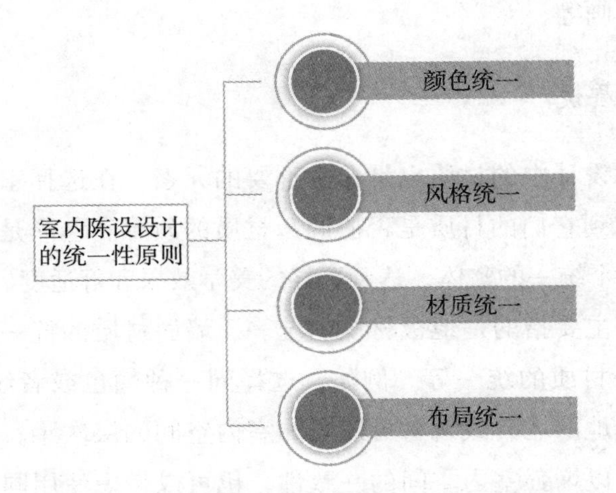

图 7-2　室内陈设设计统一性原则的具体内容

（一）颜色统一设计

在室内陈设中，颜色是非常重要的元素。为了形成一个和谐的整体，家具、墙面、地面、窗帘和装饰品等各个方面的颜色应该有一定的统一性，这样才能让整个空间看起来更加和谐、舒适和宜人。例如，白色是非常适合室内环境的一种颜色，可以让整个空间看起来更加明亮、干净。因此，在选择家具和装饰品时，可以选择白色或浅色系的材质和款式，

这样可以达到一定的统一性，从而使室内环境更加和谐。而蓝色是一种凸显舒适性的颜色，可以营造出宁静的氛围。在室内陈设中可以选择蓝色或浅蓝色的家具和装饰品，如蓝色的窗帘、靠垫、地毯等。

（二）风格统一

不同的家具和装饰品有不同的风格，如现代、复古、中式、欧式等。为了避免室内环境显得杂乱无章，家具、装饰品的风格也应该有一定的统一性，这样才能让室内陈设看起来更加协调一致。例如，现代风格以简约著称，在这样的环境下，室内陈设可以选择相似风格，如简约的沙发、茶几、壁画等。

（三）材质统一

室内陈设设计中的材质也是非常重要的元素。在选择家具和装饰品时，应该考虑到它们的材质是否协调，材质的质感和色泽是否相似，这样才能形成一个统一的整体，达到更好的美学效果和舒适度。

材质统一主要指的是地板材质的统一、墙面材质的统一、家具材质的统一、配件材质的统一等。例如，选择同一种颜色或者纹理的墙纸，或者同一种质地的墙砖或石材可以增加室内空间的层次感；选择同一种材质的家具可以增强室内空间的一致性；也可以考虑使用同一种材质的配件，如在客厅选择同一种颜色和质地的窗帘、地毯和靠垫，使整个空间看起来更加协调。

（四）布局统一

在室内陈设设计中，家具和装饰品的布局也非常重要。为了达到统一的效果，家具和装饰品的布局应该有一定的规律和逻辑，例如，对称式的布局或分割式的布局等等，这样才能让室内环境看起来更加和谐、美观。

二、均衡性原则

均衡性原则指的是在室内陈设中各种元素的摆放和布局要保持平衡和协调，以达到美观和舒适的效果。室内陈设设计的均衡性原则可以通过以下几个方面来实现（如图 7–3 所示）：

图 7–3 室内陈设设计均衡性原则的具体内容

（一）对称布局

对称布局是室内陈设中实现均衡性的一种常见方法，通过在空间的中心轴线上对称地摆放家具和装饰品，可以使空间看起来更加协调和平衡。摆放时，左右两侧的物品要在数量、大小、形状和颜色等方面保持一致或相似，以达到均衡、和谐的效果。例如，将两侧相同的家具对称地放置。如将两张相同的椅子放在空间中心轴线的两侧以保持视觉上的平衡和协调。除此之外，对称地摆放两侧相同的装饰品也可以实现对称布局的效果。还可以将两侧相同或相似颜色的家具或装饰品放置在空间中心轴线的两侧，同样也能够实现对称布局的效果。

（二）颜色均衡

在室内陈设设计中，颜色的使用也是非常重要的。合理的搭配颜色可以让室内环境更加和谐、舒适。例如，在选择装饰品时，可以根据颜色搭配原则，将不同颜色的装饰品放置在合适的位置，以达到视觉上的均衡和协调。

在客厅中，选择相近的色调，如灰色、白色、米色、淡蓝色等，这

些颜色可以相互搭配，营造出简约、自然的氛围。还可以通过搭配不同的纹理和材质，使得空间更加有层次感和丰富度。

在卧室中，可以使用柔和、舒适的颜色，如淡紫色、淡粉色、淡黄色等，这些颜色可以营造出浪漫、柔和的氛围。同时，可以根据不同的季节或节日，选择不同的颜色来增加空间的变化和趣味性。

在餐厅中，可以选择明亮的颜色，如红色、橙色、黄色等，这些颜色可以增强食欲和活力。将这些颜色应用在餐具、墙纸、窗帘等方面，可以打造一个充满活力和温暖的餐厅环境。

在办公室中，可以选择简洁明快的颜色，如白色、灰色、黑色等，这些颜色可以使空间看起来更加专业和严谨。还可以通过选择不同的装饰品，如画作、绿植、壁挂等来增加空间的生气和灵气。

（三）材质均衡

材质均衡是室内陈设设计中非常重要的一个原则，合理的材质搭配可以使室内环境更加和谐、舒适。材质均衡包括了不同材质的搭配、比例的选择和搭配的协调性，可以通过以下几个方面实现：

第一，合理搭配不同的材质。不同材质的组合可以增加空间的层次感和丰富度。如将木制家具、金属饰品和织物材料等组合在一起，可以形成有趣的对比和协调的效果。

第二，合理选择材质的比例。材质的比例也非常重要。在室内设计中，应该根据具体情况选择不同材质的比例。在一个空间中如果过多地使用了一种材质，可能会让人感到单调和乏味。

第三，材质搭配的协调性。不同材质的搭配要注意协调性，不同的材质之间应该有相互呼应和协调的关系，从而营造出一个整体和谐、舒适的室内环境。需要注意的是，在选择材质时，应该考虑到不同材质的特点和用途，从实际出发，合理地选择和搭配不同的材质。

三、主从和谐原则

主从和谐原则指的是室内空间中不同元素之间的相互关系和协调性。要求设计师明确主次关系，通过合理的布局和搭配，使主要元素与其他元素之间达到和谐的关系。

在室内陈设设计中，通常包含主要元素与次要元素两方面，主要元素起主导作用，次要元素起从属作用。家具、墙面、地面等是典型的主要元素。次要元素通常是指与主要元素相比相对次要的元素，如装饰画、窗帘、小饰品等。主从和谐原则可以通过以下几个方面实现：

第一，要明确主次关系。在设计室内陈设空间时，需要根据空间的用途和功能，明确主要元素和次要元素的关系，从而决定它们的比例和布局。

第二，要主次分明。在布局和搭配时，应该保证主要元素占据主导地位，次要元素起到补充和点缀的作用，从而营造出一个整体和谐、主次分明的室内环境。

第三，要强调主要元素。通过巧妙地运用光影、颜色、材质等元素，可以使主要元素更加突出和引人注目，从而达到更好的主从和谐效果。

另外，在实现主从和谐原则的同时，还应该注意空间的整体效果和协调性。在室内陈设设计中，不同元素之间的协调性和整体效果非常重要，只有在不破坏整体效果的前提下，才能实现主从和谐原则的最佳效果。

例如，在客厅中，可以将沙发和茶几作为主要元素，其他小饰品如装饰画、摆件等作为次要元素。在卧室中，可以将床作为主要元素，床头柜、床尾凳等作为次要元素。通过巧妙的布局和搭配，使主要元素更加突出和引人注目，同时次要元素也能够起到补充和点缀的作用，从而达到主从和谐的效果。

第四节　室内陈设的创意艺术设计

一、低碳理念主导的室内陈设创意艺术设计

低碳理念主导的室内陈设创意设计是以环保、节能、可持续发展为基础，将可再生资源和环保材料应用到室内陈设设计实践中的一种新型设计风格。这种设计风格追求自然，设计师会优先选择使用绿色可再生的材料，不仅避免浪费，还能够有效减少能源消耗和碳排放。在未来的室内陈设设计发展规划中，由低碳理念作为主导不失为一种重要的创新方向，因此，在进行深入研究之前，有必要对低碳及低碳理念进行介绍。

（一）低碳与低碳内涵

低碳，英文为 low carbon。意指较低或更低的温室气体（二氧化碳为主）排放。随着世界工业经济的发展、人口的剧增、能源结构的变化，二氧化碳排放量越来越大，世界气候面临越来越严重的问题，环境污染、气候变化已经严重危害到人类的生存环境和健康安全，因此，人类要以实际行动来减少二氧化碳的排放，减少排放二氧化碳的生活则叫做低碳生活。

基于上述内容，低碳的内涵包括以下方面：

（1）节约能源，采用更加高效的能源设备和技术，降低能源消耗，减少二氧化碳等温室气体的排放。

（2）发展可再生能源，大力发展可再生能源，例如太阳能、风能、水能等，减少对化石燃料的依赖，从而减少温室气体的排放。

（3）推广低碳生活方式，通过改变人们的生活方式和消费习惯，降低碳排放量，例如鼓励居民使用公共交通工具、节能灯具、环保袋等，减少能源的消耗和废弃物的产生。

（4）强化低碳思维，提高公众对低碳生活的认识和意识，鼓励人们

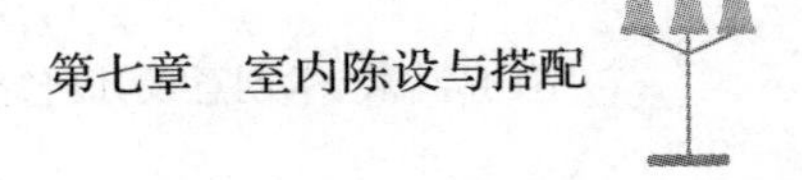

通过行动减少碳排放，例如支持环保公益组织、鼓励绿色出行、减少食品浪费等。

（5）推动清洁能源交通工具应用，积极推广电动车、混合动力车、氢燃料汽车等清洁能源交通工具，减少燃油车辆的使用，从而降低温室气体的排放。

（6）实施低碳城市规划，推进城市绿色低碳发展，加强城市绿地建设、公共交通体系建设和市政设施建设等，从而减少城市碳排放。

（7）促进碳市场发展，建立碳交易市场，通过碳排放权交易等方式，促进企业和个人减少温室气体排放，同时促进低碳技术的研发和推广。

（二）低碳理念

低碳其实就是一种最自然的生活方式。人们所居住和工作的地方，如果可以不需要人工制造气温，尽量自然地通风，自然地采光，这样的生活环境才称得上是低碳的。

低碳理念贯穿于生活的方方面面，在低碳理念的影响下，社会发展与日常生活将会发生重大变化，其所带来的积极影响不可限量，是实现可持续发展的关键。具体来说，低碳理念有利于缓解气候变化，低碳理念的核心是减少温室气体的排放，通过低碳经济、低碳生活、低碳城市等手段，可以减少碳排放；有利于推动可持续发展，低碳理念是可持续发展的重要组成部分，通过采用可再生资源、绿色出行等方式，可以减少对自然资源的消耗；有利于促进环境保护，低碳理念可以减少对环境的污染和破坏，促进生态平衡和生态系统的恢复和保护；有利于提高资源利用效率，促进资源的可持续利用，减少资源浪费和环境污染；有利于促进经济发展，促进新技术、新产业、新市场的发展，增加就业机会。

（三）低碳理念与室内陈设创意设计

低碳理念与室内陈设创意设计是有密切关联的。在室内陈设设计中，

应该贯彻低碳理念，通过降低能耗、使用环保材料、提高资源利用效率等方式，达到节能减排、环保、可持续发展的目的。二者的联系体现在以下几个方面：

（1）使用环保材料。在室内设计中使用环保材料，如可降解材料、再生材料等，减少对环境的污染和破坏，同时也降低了室内装修过程中的碳排放量。

（2）采用可再生能源。在室内设计中可以采用太阳能、风能等可再生能源，如安装太阳能光伏板、利用自然光线、风力等，减少对传统能源的依赖，降低室内能耗。

（3）引入自然元素。在室内设计中引入自然元素，如植物、水流等，增加室内空气质量，促进人体健康，同时还可以净化室内空气。

（4）采用节能灯具。在室内设计中使用节能灯具，如LED灯等，可以减少能源消耗，同时还可以增强室内照明效果。

（5）采用可降解家具。在室内设计中采用可降解的家具材料，如纸质、木质、竹质等，不仅环保，而且还具有美观、实用的特点。

（6）提高资源利用效率。在室内设计中要提高资源利用效率，如合理设计室内空间、减少装修垃圾等，减少资源浪费，降低碳排放。

（7）废弃物再利用设计。在室内陈设中，利用废弃物品进行创意设计，如利用废旧纸张做成的装饰画，可以起到环保和美观的双重效果。

（8）绿色装饰设计。在室内装饰中选择绿色环保的装饰品，如节能环保窗帘、环保墙纸等，可以减少有害物质的释放，对环境和人体健康都有益处。

总之，低碳理念与室内陈设创意设计的结合将成为未来室内陈设设计的重要发展趋势之一，未来的设计将更加注重环保、节能、可持续的理念，为人们的生活带来更加健康、环保的室内空间。

二、东南亚风格元素在室内陈设设计的创新运用

东南亚地区由于地理位置和历史文化的交融，形成了独具特色的文化风情，其文化充满了神秘感和异国情调，深受世界各地人们的喜爱。东南亚风格元素指的是源自东南亚地区的文化元素，包括艺术、建筑、手工艺、纹饰、服装、食品、植物等方面。

东南亚风格元素可以在室内陈设设计中进行创新运用，从而增加室内空间的美观度、文化内涵和艺术感。具体来讲，它有利于增加室内空间的艺术感，使空间彰显生活品位和时尚韵味；有利于增加室内空间的文化内涵，使空间更具有人文气息，增强空间的文化品位；有利于丰富室内陈设设计的风格，增加设计的创意性和趣味性。东南亚地区气候湿热，植物资源丰富，将东南亚植物运用于室内陈设设计中，有利于增加室内空间的自然气息，可以为室内空间增加自然气息，使空间更加舒适宜人；东南亚地区拥有悠久的历史和文化传统，将东南亚风格元素运用于室内陈设设计中，有利于增加室内空间的历史感，使空间更有温度和故事性。

（一）莲花元素

莲花是东亚和东南亚地区的一种重要象征，代表纯洁、高贵和祥和。在佛教和印度教等宗教中，莲花被视为一种神圣的象征，象征着生命的无穷无尽和超越尘世的境界。在文化艺术中，莲花图案具有优美的形态和丰富的文化内涵。将莲花元素运用于室内陈设设计领域，可以让室内环境呈现出别样的氛围。莲花图案通常采用浅色调的色彩，如粉红、淡黄、淡绿等，能够为空间增添一份柔和、温馨的氛围。莲花图案也具有多样的形态，可以是莲花的全貌，也可以是莲花的单一元素，如莲瓣、莲蕊等，设计师可以根据空间的需要进行创意组合和运用。例如，可以运用莲花图案和莲花雕塑等莲花元素制作装饰品，包括莲花香薰、莲花灯等，不仅具有艺术价值，还可以增加室内空间的文化内涵。另外，还

可以将莲花图案应用于壁纸设计中，选择自然且柔和的色调如浅绿、淡黄等，增加室内空间的温馨和舒适感。甚至还可以将莲花元素应用于地毯设计中，选择印花或者手工编织的莲花图案，增加室内空间的艺术感和舒适度。

（二）珠宝饰品

东南亚珠宝饰品是一种独具特色的文化元素，比较常见的有琥珀、玛瑙、珍珠等。其设计精美、工艺精湛，可以应用于室内装饰中，为空间增添独特的魅力。可以使用珠宝盒来展示珠宝饰品，也可以选择木质或者金属材质的珠宝盒，搭配东南亚的细节装饰，增加室内空间的艺术感和文化气息。还可以将珠宝串成珠带，用来装饰床头、梳妆台等区域。还可以将珠宝饰品运用于画作中，选择具有东南亚文化特色的图案或者场景，加上珠宝饰品的点缀，营造别样异域氛围。除此之外，甚至还可以将珠宝饰品与灯具结合起来，如选择用珠宝串成的灯罩或者用珠宝镶嵌的灯具，增加室内空间的艺术感。

（三）印花布料

东南亚地区有着丰富的印花布料文化，如泰式印花等，其色彩斑斓、图案丰富，可以应用于窗帘、床品、墙纸等装饰材料中。

三、禅文化与室内陈设的丰富发展

禅文化与室内陈设有着密切的关系。禅宗强调内心的平静与专注，通过打破传统思维方式和审美观念的束缚，探寻真实的自我和内在的平静。这种精神追求在室内陈设中也可以有所反映。

（一）禅文化简介

禅文化是指以中国佛教禅宗思想为基础所发展起来的一种传统文化，

且与人们的生活息息相关，哲理寓意对于人们的生活与工作具有一定的指导意义。人们的饮茶赋诗都与禅文化具有紧密的联系。展开来说，禅文化可以分为经典（禅文）、思想（禅语）、诗歌（禅诗）、书法（禅书）、绘画（禅画）、音乐（禅乐）、武术（禅武）、中医（禅医）、农耕（禅农）、素食（禅食）、茶道（禅茶）、慈道——慈悲之道和慈善之道（禅慈）、孝道（禅孝）等若干种类。在这众多的禅文化内容之中，其思想体系中的美学部分，对于现代社会的发展具有尤为关键的现实意义。禅文化认为真正的美主要体现在四个方面，分别为自然美、朴素美、宁静美、空灵美。禅文化美学关键要素（如图 7-4 所示）：

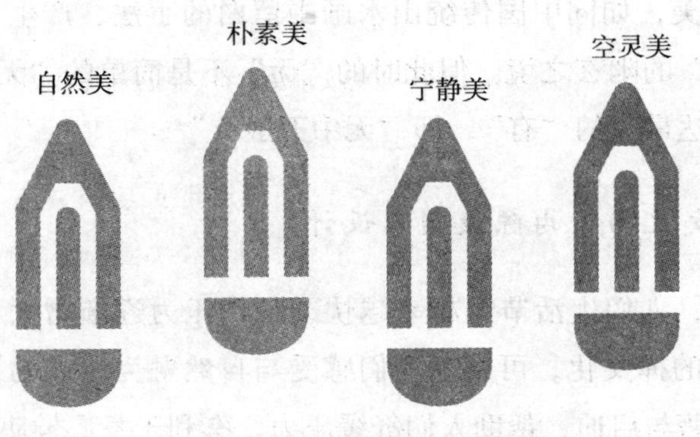

图 7-4　禅文化美学关键要素

1. 自然美

禅文化认为大自然的一草一木都是佛性的体现，都蕴含着无穷禅机。禅文化所提出的自然美，强调人与自然的和谐美。同时，禅文化思想认为自然美是更亲近原生与本真，未经雕琢，美好至极。就算是不完美的器物，在时间的砥砺之下，保留着时光的痕迹，呈现本真状态，亦不失为一种质朴的自然美。

2. 朴素美

禅文化思想中的朴素美，指的是没有过多的人工雕饰或是添加贵重装饰，纯净的、朴素的、启迪心灵的原生美。禅宗思想认为过多的装饰“如镜上的尘垢般迷惑了我们的心智，使得我们不能洞察镜中的

空灵”，所以，只有领悟，才能破除“尘垢”，欣赏到纯净的朴素美，启迪心灵。

3. 宁静美

禅宗思想追求宁静，即安宁、静谧、平和地生活，禅意空间的营造在一定程度上能舒缓人们身上所积压的生活压力或是烦躁心情，给人带来内心的平静，予以心灵慰藉。安宁与平和是禅宗思想的一种很高的层次，亦是现在社会人群所急需追寻的。

4. 空灵美

空灵美，指的是在虚静的气氛中所透露出生命灵气之美。空灵美是内在的智慧之美，如同中国传统山水画中留白的手法，产生了“有即是无，无即是有”的幽玄之境。但此时的“无”不是简单的“无”，而是通过“无”来表达最大的“有”，即“无中万般有”。

（二）禅文化与室内陈设创意设计

当代社会，人们生活节奏越来越快，工作压力逐渐增大。在室内陈设中融入丰富的禅文化，可以让人们感受与自然融为一体的禅意，给人以心灵上的慰藉与启迪，帮助人们舒缓压力，有利于身心健康。

禅文化注重简洁、清新、自然的美感，这种美感在室内陈设中得以体现。禅文化倡导以简单的线条、明快的色彩、和谐的比例来表达室内空间的美感，不注重装饰烦琐的细节和华丽的装饰。在室内陈设中，禅文化通常会采用天然材料，如竹子、木材、石材、麻织品等，这些材料不仅符合自然、环保的要求，而且能够营造一种质朴、朴素的美感。此外，禅文化注重空间的开敞和流动。在室内陈设中，禅文化会通过布局、家具的选择和摆放等方式，让室内空间显得通透、开阔、自然流畅。同时，禅文化也注重室内光线的运用，利用窗户、百叶窗等方式让室内充满自然光线，以营造一个明亮、舒适的环境。

禅文化强调简约，因此在室内陈设中可以选择简约、自然、朴素的家具设计，如简约的沙发、木质的椅子、简单的茶几等；禅文化强调自然，可以在室内增加一些绿植装饰，如盆栽、花草等，不仅美化了空间，还能够营造出自然、舒适的氛围。禅文化也强调水的意境，可以在室内设置一些小型的水景装饰，如小型的喷泉、水池等，不仅美化了空间，还能够营造出安静、舒适的氛围。因此，禅式客厅陈设可以采用自然材料和简约的家具设计，包括木质的地板、墙壁和家具，布艺沙发和麻织品的装饰等。墙上可以悬挂禅宗绘画或禅语，增加一些禅意元素。客厅中可以放置一些绿植和小型水景装饰，增强室内自然的氛围。

总之，禅文化与室内陈设的结合能够创造出一个简约、自然、舒适的室内环境，让人们得以体验禅宗所追求的内心平静、专注、自我意识的状态，提高身心健康和生活品质。

四、非遗文创为室内陈设创新注入新鲜活力

非物质文化遗产（Intangible Cultural Heritage），是指各族人民世代相传，并视为其文化遗产组成部分的各种传统文化表现形式，以及与传统文化表现形式相关的实物和场所。非物质文化遗产是一个国家和民族历史文化成就的重要标志，是优秀传统文化的重要组成部分。文创产品，即“文化创意产品”，指依靠创意人的智慧、技能和天赋，借助于现代科技手段对文化资源、文化用品进行创造与提升，通过知识产权的开发和运用，而产出的高附加值产品。当代社会经济水平快速发展，各种新兴产业层出不穷，传统文化逐渐式微，许多非遗文化在现代社会逐渐被人们所遗忘。如今我国大力发展文化产业并要求大力传承非遗文化，从而开创社会文化繁荣新局面。基于此，以非遗文创作为室内陈设设计的创新点则是对传统室内陈设设计的丰富与发展。

（一）以传统剪纸艺术为核心制作文创产品运用于室内陈设设计

剪纸，顾名思义就是用剪刀将纸剪成各种各样的图案，如窗花、门笺、墙花、顶棚花、灯花等。剪纸是一种镂空艺术，其在视觉上给人以透空的感觉和艺术享受。其载体可以是纸张、金银箔、树皮、树叶、布、皮、革等片状材料。剪纸在中国农村是历史悠久、流传很广的一种民间艺术形式。这种民俗艺术的产生和流传与中国农村的节日风俗有着密切关系，逢年过节抑或新婚喜庆的时候，人们把美丽鲜艳的剪纸贴在雪白的窗纸或明亮的玻璃窗上，以及墙上、门上、灯笼上，节日的气氛便被渲染得非常浓郁喜庆。在各种新兴产业蓬勃发展的今天，促进剪纸艺术文创产业发展不失为时代的契机。因此，可以将传统剪纸艺术文化作为创作基点，制造风格多样的文创产品，并广泛应用于室内陈设设计领域。例如，可以选择具有非遗元素的剪纸图案，如龙凤、鱼跃龙门、喜鹊栖梧等，悬挂在墙上或者窗户上，增加房间的视觉效果。

（二）以传统刺绣文化为核心制作文创产品运用于室内陈设设计

刺绣，古代称之为针绣，是用绣针引彩线，将设计的花纹在纺织品上刺绣运针，以绣迹构成花纹图案的一种工艺。古代称“黹”“针黹”。因刺绣多为妇女所作，故属于“女红”的一个重要部分。以传统刺绣文化制作文创产品，是指利用刺绣技艺进行创意设计和制作的手工艺品或创意产品。现在刺绣已经成为一种广泛应用于服装、家居用品、礼品等领域的艺术形式。在刺绣文创领域，创意设计是非常重要的一环。刺绣作品可以采用不同的颜色、线条和材料，通过对图案的创新和变化，创造出各种独特的艺术效果。同时，刺绣技艺也需要不断地改进和更新，以适应现代化的生产方式和消费需求。刺绣文创的产品类型也非常多样

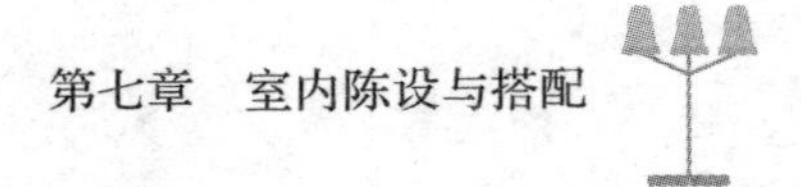

化，可以包括刺绣图画、刺绣服装、刺绣鞋帽、刺绣配饰、刺绣家居用品等等。这些产品不仅具有美观的外观和高品质的手工制作，还可以通过创意设计和巧妙的材料搭配，实现更多的功能和使用价值。对这些优秀的刺绣文创产品进行鉴别与筛选，由专业的设计师将之应用于室内陈设之中，不仅可以传承和弘扬传统手工艺，还可以通过创新和变革实现更多的商业价值。

第八章　新理念下的室内设计发展趋向

第一节　守正创新——传统文化在室内设计的创造性融入

一、传统文化融入室内设计的前景展望

我国传统文化元素种类众多，不同的传统文化元素在表现形式上也存在一定差异，它们既是人类历经长时间沉淀和积累的文化果实，也是我国不同民族人民的智慧结晶和审美体现，蕴含着不同时代的文化内涵以及精神文明，具有强烈的时代生活气息。在传统文化元素中，不同的民族符号代表着不同的民族特色和民族文化，在我国传统文化元素中传递着很多蕴含特定信息的美学内容，在现代室内设计中，运用这些传统文化元素需要经过特殊处理和精心设计。因此，在实际进行现代室内设计的过程中，有必要与传统文化元素进行有机融合，通过运用不同类型文化元素，使现代室内设计具有更为深厚的文化底蕴。

随着社会的不断发展，人们对传统文化的重视程度逐渐增加。在室

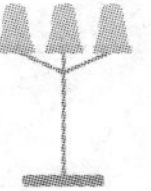

内设计领域中，融入传统文化已经成为一个趋势。传统文化的融入不仅能够让室内空间更具有文化底蕴，同时也可以使人们更好地领略文化的魅力和智慧。因此，传统文化融入室内设计的前景十分广阔。

传统文化元素在室内设计中的应用可以体现在不同的方面，如色彩、造型、材质、图案等。比如，在造型方面，可以采用传统文化中的装饰手法，如雕刻、镂空、拼贴等，来展现文化的独特魅力；在材质方面，可以使用传统文化中常用的材料，如竹、木、石等，来营造质朴自然的氛围；在图案方面，可以运用传统文化中的图案元素，如云纹、莲花、龙凤等，来体现文化的深厚底蕴。同时，随着人们对健康环保的关注程度不断提高，传统文化中所强调的自然、环保的理念也越来越受到人们的重视。在室内设计中融入传统文化元素，不仅能够提高室内空间的舒适度和自然度，同时也符合当下人们对健康环保的追求。

事实上，我国已经有许多成功将传统文化元素融于室内设计的案例，为今后的室内环艺设计发展指明方向。例如，北京王府半岛酒店是一家豪华的五星级酒店，其室内设计深受传统文化影响。酒店的大堂以及客房内的装修中，运用了大量的中国传统文化元素，如琉璃、水墨画、传统绸缎等，让人们在享受豪华服务的同时，也能感受到中国文化的魅力。又如，上海瑞金洲际酒店是一家集文化、艺术于一体的酒店，其室内设计深受中式文化的影响。酒店大堂中的金玉壁画、竹木装饰和红木家具等，都充分体现了中国传统文化的精髓。同时，酒店还设置了中国文化主题房间和中国传统艺术展览等，让客人深入感受中国文化的内涵。

这些例子表明，传统文化融入室内设计已经成为一种趋势，在一定程度上得到了应用。它不仅可以丰富室内空间的文化氛围，同时也能够提高人们的文化素养和审美水平，让人们更好地领略到传统文化的魅力。

在未来的室内设计领域，传统文化会实现更多地融入。随着人们对本土文化的认知不断提高和对文化多样性的重视，传统文化元素在室内设计中的应用会越来越广泛。首先，传统文化作为一种重要的文化遗产，

具有独特的审美价值和文化内涵，可以被运用到室内设计中，为设计师带来更加丰富多彩的灵感和创意。其次，传统文化的融入可以满足人们对文化认同和身份认同的需求。随着全球化的发展，人们越来越注重本土文化的传承和保护，传统文化元素的运用可以让人们在室内环境中感受到本土文化的氛围和传承，增强人们的文化认同感和身份认同感。最后，传统文化的融入也符合现代人对环保和可持续发展的追求。传统文化中许多材料和设计元素都具有天然、环保、可持续等特点，与现代人的生活理念和价值观相契合。因此，传统文化的运用在室内设计中也能够体现可持续性的概念和理念。

综上所述，传统文化融入室内设计具有广阔的发展前景，在未来的艺术设计领域将发挥愈发重要的作用。这不仅是对相关领域的丰富和创新，更是彰显我国文化内涵，发展文化软实力，实现文化强国伟大目标的有效途径和方式。

二、传统文化融入室内设计的价值追寻

传统文化作为一个国家和民族的瑰宝，具有悠久的历史和深厚的文化底蕴，不仅仅是一种文化遗产，更是一种文化资源。将传统文化融入室内设计中，可以使设计更具文化内涵和时代气息，提高设计品质和价值。总的来说。当今社会文化交流和用户需求的多样化，造就了现代室内设计多元的风格特色和视觉风貌。中式风格室内设计在诸多风格中占据着重要地位，它根植于中华大地，是独树一帜、深受欢迎的本土装饰风格。中国传统文化作为本土文化，历经多个朝代变迁，积累了特色迥异、博大精深的历史文化精髓，这为打造具有民族特色的中式风格室内设计提供了充足的素材，极大地充实了中式风格室内设计的内容形式。中国传统文化包含民间工艺、民间艺术、民俗风情、诗歌文学、典故传说等丰富的门类，可依据设计实践的项目属性对各门类文化进行选择、提取、演化与结合，形成丰富多彩、各具风貌的设计语言和内容形式，

巩固中式风格在现代室内设计风格中的重要地位。

具体来说，二者的融合与创新具有如下几方面的意义与价值：

（一）传统文化的融入可以突出地域特色

我国疆域辽阔、地形各异、民族众多、文化交融。不同地区的传统文化不同，如北方游牧文化、江南的水乡文化、西南的苗族文化等等，这些文化都是中国传统文化的重要组成部分。将这些文化元素融入室内设计中，可以打造具有地方特色的设计风格，让人们感受到地域文化的独特魅力。以江南的水乡文化为例，江南地区的传统文化以秀美、柔美为主，其特点是充满了自然、柔和等元素，融入室内设计中可以采用石榴门、红木家具、墙面砖等传统材质，搭配上水墨画、雕花、绣品等传统图案，将室内空间打造成别致、雅致、浪漫的水乡风情。以西南的苗族文化为例，苗族拥有自己独特的传统文化和民俗风情，苗族文化以手工艺和民间音乐为代表，将苗族文化融入室内设计中，可以采用苗族传统建筑的特色，如彩画门窗、彩画墙、建筑构件等，再配以苗族特色的手工艺品、刺绣和织物，打造出充满苗族风情的室内设计风格。

（二）传统文化的融入可以体现文化底蕴

传统文化经历了漫长的历史积淀，代表了民族的文化底蕴和智慧。通过将传统文化元素融入室内设计中，可以让人们更好地了解和感受文化底蕴，增强文化自信心。以中国的书法文化为例，中国书法作为传统文化的重要组成部分，历经千年沉淀，已成为中国独具特色的艺术形式。将书法元素融入室内设计中，可以将书法作品作为墙面的装饰元素，或者采用书法艺术的线条和形式进行家具的设计，这些都可以让人们更好地感受到中国书法文化的深厚底蕴和艺术魅力。此外，中国传统节日文化也是中国传统文化的重要组成部分，春节、端午节、中秋节等节日都

具有浓郁的人文气息。将传统节日文化元素融入室内设计中，如在春节时用红色的窗花、门贴、挂饰等元素装饰房间，或在中秋节时使用花灯、赏月等元素装饰室内空间，这些都可以让人们更好地感受中国传统节日文化的深刻内涵。

（三）传统文化的融入可以弘扬思想文化精神

传统文化中蕴含了中华民族的文化精神，融入室内设计中可以引导人们弘扬传统文化，加深人们对民族文化的认同和感情。例如中国传统文化中的礼仪思想、天人合一思想等，这些思想代表了中国传统文化中的核心价值观和精神传承。将这些思想元素融入室内设计中，可以引导人们弘扬传统文化的精神和理念，同时也可以在室内空间中营造出浓郁的传统文化氛围，增加居住者的文化认同感。这样做不仅有利于人们的精神修养和生活品质的提升，也有助于推动中国传统文化的传承和发展。

（四）传统文化的融入可以使自身不断发展和丰富

传统文化是一个民族历史、文化和传统的重要组成部分，包含着许多独特的艺术形式、图案、色彩和文化内涵。将这些元素巧妙地融入室内设计中，不仅可以增加设计的艺术感和独特性，还可以为人们带来独特的文化体验。例如，中式室内设计常常运用传统的屏风、雕刻、绘画等元素，这些元素具有独特的美学特征和文化意义。在传统中式室内设计中，往往会运用复杂的图案和色彩，如云纹、龙纹、缎带纹等，这些图案和色彩都有着丰富的文化内涵和象征意义，能够为室内设计增添丰富的文化气息。

反之，在传统文化和室内设计不断摸索和融合的实践之中，传统文化也会在深入和广泛的艺术创作中获得“新生”，其中的许多深刻内涵和文化意蕴也会在设计师的再度创作中获得发展和丰富。

（五）传统文化的融入可以增强设计价值

传统文化的融入可以使设计更有深度和内涵，从而增强设计的文化价值和审美价值，提升设计的市场竞争力。传统文化的融入也能够彰显设计师的创新和智慧，使设计更具有个性化和艺术化的特点。例如，采用传统的色彩和图案，或在设计中运用传统文化中的雕刻和绘画技艺，都能够增加室内设计的独特魅力和艺术价值。通过这种方式，设计师不仅能够打造出更具有文化内涵和审美价值的设计作品，也能够增加设计的市场竞争力，满足不同客户的需求和审美标准。

此外，传统文化的融入也能够体现设计师的创新和智慧，使设计更具有个性化和艺术化的特点。将传统文化的元素融入室内设计中，设计师可以对传统元素进行重新演绎和创新，创造出具有当代艺术价值的设计作品，增强设计的个性化和艺术化特点。例如，在现代设计中融入传统的木雕、石雕等元素，创造出具有传统文化特点的现代艺术品，能够彰显设计师的创新和智慧，同时也能够让人们更好地感受到传统文化的魅力和精髓。

（六）小结

传统文化的融入不仅能够让人们感受到传统文化的魅力和价值，同时也能够丰富室内设计的元素和内涵，进行更具有个性化和艺术化的设计，从而满足不同客户的需求和审美标准。这种融合不仅能够推动中国传统文化的传承和发展，还能够促进文化多样性的发展和文化交流的深入推进。

三、传统文化融入室内设计的实践路径

在中国文化背景下，将历史悠久、内涵丰富的传统文化内容融入室内设计具有重要的现实意义，那么如何推动这种融合与创新的发展，如何

实现二者的深度融合，则成为目前设计师首要关注的问题。在此，本书将传统文化融入室内设计的实践路径大致分为如下几个方面，分别从图案纹样、色彩、书画，以及相关的注意事项和操作要点进行说明：

（一）传统图案纹样的融入

传统图案纹样由来已久，历经变迁，饱含劳动人民的智慧与创造，它们在中国的文化、艺术和工艺中扮演着重要的角色，经过数千年的历史积淀，逐渐形成了自己独特的风格和特色。是中国传统文化中最具民族特色、最为绚丽多姿的装饰艺术之一，在现代室内设计中可以实现广泛的应用。

传统图案纹样造型丰富，题材多样，依据纹样内容和形象的不同，常见的有动物纹、祥禽瑞兽纹、植物纹、器物纹、几何纹、人物纹、吉语文字纹等。例如，龙和凤是中国传统文化中最具有象征意义的动物形象，龙凤纹在中国文化、艺术和工艺中广泛应用，代表着权力、地位和幸福等寓意。花鸟纹是中国传统文化中最具有生命力和艺术价值的纹样，常常被用于绘画、刺绣和陶瓷等领域，代表着自然之美和生命之力。祥云纹代表着吉祥、美好和祥和等寓意，常被用于建筑、服饰和家具等领域。鱼在中国传统文化中被视为吉祥物和幸福的象征，因此鱼纹常常被用于室内装饰和家居饰品中，代表着好运、福气和财富等寓意。梅、兰、竹、菊是中国传统文化中最具有文化内涵和艺术价值的四种植物，它们代表着坚强、高雅、纯洁和清高等品质，因此也时常被用于绘画、刺绣和陶瓷等领域中。

如今传统图案纹样在现代室内设计中，是中式风格典型的造型装饰元素，广泛应用于墙面隔断、天花地面，以及家具、灯具、陈设艺术品等位置。

在使用传统图案纹样时，图案和纹样的比例搭配尤为重要。可以使用大面积的图案或小面积的图案，具体要看设计风格和空间尺寸而定。

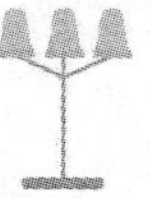

如果空间较小，建议使用小面积的图案，可以使空间更加舒适。还要考虑图案的均衡分配。如果在一个房间中使用了多种图案或纹样，那么要确保它们的分配均衡，这可以使空间看起来更加协调。还要考虑传统和现代元素的结合融洽感，适当的地方需要做好过渡，以至于不会产生强烈的不协调之感。张婉璐、司冬利认为“在墙面、隔断处，传统纹样可通过隔扇门（格子门）的形式来应用，隔扇门常作主要墙面的局部装饰，或多扇成组作空间隔断用以分隔空间，隔扇分为花心与裙板两部分，花心部分纹式众多，不胜枚举，具有极强的装饰性和视觉美感。传统纹饰还可通过罩的形式进行表达，罩也是隔断的一种形式，用硬木作浮雕或透雕，雕饰以几何图案、缠交的动植物、神话故事图案等，既通透又美观。”①

总之，传统图案纹样可以为室内设计增添独特的魅力和深度。当使用它们时，要注意比例的均衡、分配的合理和传统与现代元素的结合。

（二）传统色彩的融入

将传统色彩融入室内设计不仅可以为空间增添美感，更可以带来历史文化氛围。

传递文化信息。传统色彩是传承文化的一种形式，它可以通过室内设计将文化信息传递给人们。不同地区和文化都有不同的传统色彩，运用传统色彩可以使人们感受到文化的历史和传承，感受到文化的独特魅力。增加空间的深度和层次感。传统色彩的运用可以为室内空间增添深度和层次感，增强空间的纹理和光影效果。比如在墙面、家具、装饰品等多个方面中使用传统色彩可以使空间更加丰富和有趣。创造独特的风格。传统色彩可以与现代设计相结合，创造出独特的风格。运用传统色彩可以为室内空间增添独特的魅力和风格，使空间更具有个性和特色。

① 张婉璐、司冬利：《中国传统文化在现代室内设计中的应用研究》，《文化产业》，2022年第6期。

比如在现代简约风格中加入中国红色，可以使空间更具有中国特色和文化氛围。黄春峰认为“古代传统的房屋建筑对木材的运用颇多，且木材的整体色彩看起来比较协调统一；在房屋建筑中使用的砖石和瓦砾的色彩也都大同小异。若将这些材料有效运用到房屋建筑中，并将其井然有序地搭配起来，可以带给人一种丰富多彩的视觉效果。”①

此外，传统文化中的五色观也是值得设计师所关注的。张婉璐、司冬利认为“五色观是古人长期观察日月星辰、自然世界的经验认识和传统审美观念，是应用广泛、具有代表性的传统色彩体系，在现代室内设计中应用较为普遍。”② 具体来说，在传统五色观中，青、白、赤、黑、黄作为内容主体，分别对应传统思想中的木、金、火、水、土，同时也对应“五方”，即东、西、南、北、中，而且古人还为之赋予了不同的象征意义。例如，黄色象征高贵，赤色象征喜庆祥和。张婉璐、司冬利认为“极具历史地位和文化造诣的故宫的视觉标志便是黄瓦红墙、朱门金钉，色彩上以红、黄为主色调；而皇宫的宫殿屋顶铺设黄色琉璃瓦，帝王专用服饰名曰‘黄袍’，均体现了黄色在正色中的等级意义。”③ 因此，传统色彩为现代室内设计的中式风格配色方案提供了丰富的灵感和可能性。

首先，要重视传统色彩本身的运用。在众多的色彩中，每一种传统色彩都有其特性，都有其特有的文化意蕴，因此设计师需要针对不同室内情况来制定特异性的传统颜色应用方案。“如用于提供住宿、招待、休闲等功能的酒店、会所，宜设定高贵、华丽的空间调性，整体色彩可选用黄色、金色、红色、深棕等华丽厚重的主色调，并在软装配饰上搭配绿色、紫色、蓝色等点缀色、强调色，打造高贵气质，营造宾至如归的

① 黄春峰：《中国传统文化元素在现代室内设计中的传承和运用分析》，《文化创新比较研究》，2020 年第 8 期。

② 张婉璐、司冬利：《中国传统文化在现代室内设计中的应用研究》，《文化产业》，2022 年第 6 期。

③ 同上。

温馨环境；而用于工作、洽谈、观赏等功能的办公、展览空间，宜设定雅致、静穆的空间调性，色彩上可倾向于选用灰、白冷色调，营造一种清朗静谧的高雅氛围。”[①]

其次，要重视传统色彩之间的搭配运用。通过协调性的搭配，能够让传统色彩产生更加出色的视觉效果。在很多情况下，单独使用某一种颜色，难以营造预想的视觉效果，传统环境氛围的塑造也时常会遇到阻碍，人们难以获得传统文化所带来的情绪体验。而巧妙的搭配，能够使得不同的色彩共同产生“化学反应”，达到最佳效果。

最后，还要考虑传统色彩与整体环境之间的协调。传统色彩相对于室内设计活动而言，是部分与整体的关系。因此，处于室内环境设计中的色彩设计和搭配，则需要符合整体环境的需求，要与整体环境的特色、风格相一致，这样才能看起来更加和谐。

（三）传统书画的融入

传统书画作为中国传统文化的重要组成部分，是一种独特的艺术形式，其融入室内设计可以为空间增添历史文化底蕴和艺术氛围。张婉璐、司冬利认为“传统书画以形为载体，结合画理、画法、布局、意境，抒发作者思想情感或意趣格调，极富精神性和内涵性，是形式美感与精神内涵的完美统一，对现代室内设计的发展具有重要意义。”[②]

在传统书画和室内设计的融入过程中，可参考如下实践手段：

第一，墙面挂画。在室内空间的墙面上挂上传统书画，可以为空间增加独特的艺术气息。如在客厅或餐厅中挂上水墨山水画或花鸟画，或在卧室中挂上中国画或书法作品，可以打造出与众不同的文化氛围。

第二，展示艺术品。将传统书画作为室内设计的重要元素之一，可

---

① 张婉璐、司冬利：《中国传统文化在现代室内设计中的应用研究》，《文化产业》，2022年第6期。

② 同上。

以通过在展柜、墙架等处展示传统书画，使其成为空间中的焦点。如在客厅或书房中展示古代文人墨客的书画作品，可以营造出一种高雅的文化气息。

第三，结合家具。通过与传统家具相结合，将传统书画融入室内设计。如在传统家具旁边或上方挂上中国画或书法作品，可以增添空间的文化韵味。

第四，创造画廊效果。在空间中利用墙面或屏风，创造出画廊的效果，将传统书画与空间融为一体。如在走廊或过道上挂上一系列中国画或书法作品，可以打造出一种具有历史文化底蕴的空间氛围。

（四）相关建议与注意事项

除了上述关于传统文化与室内设计融合的相关内容之外，还有一些与之相关的建议和事项需要专业设计师提起关注，以确保室内设计朝着不断优化的方向发展。

在将传统文化融入室内设计的理论思索和实践过程中，设计师除了要将传统文化元素“原封不动”挪到室内设计中之外，还要学会对其进行创造性发挥。虽然传统文化中的许多元素极具艺术美感，同时也极具历史文化的沧桑感和厚重感，能够有效充实室内的文化氛围，但是这种“硬性”的融合并不完全适用所有的情况。因此，设计师需要具体情况具体分析，根据不同室内环境的具体情况来对传统文化元素进行创新。例如，对传统文化元素进行重组，重组传统文化元素时不能完全对其全盘照搬，当选择困难时，可以将传统文化元素进行再创造，通过不同的方式使其裂变后重组，再将其运用到现代室内设计中。重组的主要步骤就是提炼、造型、组合，具体来说，就是先从传统文化元素中提炼出核心内容，化繁为简，其次再对提炼后的内容进行现代室内设计的造型，最后进行重新组合，这样才能将重组后的传统文化元素有机地融入现代室内设计中。这样一来，传统文化元素被再次赋予了全新的生机，与现代

化的室内风格相得益彰。

中国传统文化在当代室内设计的融合中，设计师应该注重两个方面。首先，是选择与应用要精准。在现代室内设计中，运用中国传统元素需要有深度和明确性，不光要深入研究这些元素背后的历史和意义，还要全面了解它们的形态、内涵和精神，然后再巧妙地将它们与当代的室内设计语境相结合，让传统与现代相得益彰；其次，是恰到好处但不过度。引入传统文化元素时，不能过度强调或堆叠，要保持设计的和谐与平衡，以避免室内设计显得过于刻意或杂乱。

第二节　绿色理念下的室内创意设计

一、绿色理念是当代社会发展的指向标

在资源日益紧张的局势下，实现资源的循环、永续利用成为社会关注的焦点。在健康、低碳、节能、环保，以及可持续发展等新理念的广泛渗透下，绿色低碳设计理念也被越来越多的设计师应用。环境艺术设计作为现代化艺术设计的主要潮流之一，在此背景下，如何结合绿色理念，使环境艺术设计成为一种具有创造性、绿色发展思想的艺术设计文化，已成为相关人员面临的重点课题。

正因如此，环境艺术设计从业者，应把绿色设计理念体现在设计中，推陈出新，从整体上优化资源利用，从而达到生态环境和社会经济和谐发展的目的。

绿色理念下的室内设计是指在设计、建筑、装饰过程中注重环境保护、资源节约、健康与舒适等方面的理念。该理念通过采用环保材料、节能设备、科技手段和合理布局等措施，创造一个健康、舒适、安全、美观和符合人体工程学的室内环境。对于环境、资源、设计等领域都有一定的帮助。

大致来看，绿色理念下的室内设计的现实价值主要包括经济价值、环境价值、社会价值。具体表现如下四个方面：第一，能够保护环境，采用环保材料、节能设备等措施，减少能源消耗和污染物排放。第二，能够节约资源，采用节能设备和科技手段，有效节约能源资源，提高资源利用率。第三，能够提高人们的健康和舒适感受，创造一个健康、舒适、安全的室内环境，有助于提高人们的工作效率和生活质量。第四，能够增加室内空间的美感，通过合理的布局、美观的装饰和适当的绿色植物等，提高室内空间的美感和温馨感。

二、绿色理念下的室内创意设计实践路径

当前，随着城市经济建设的快速发展，人们的生活水平也越来越高。生活在城市中的人们，在快速发展的城市建设中早已被钢筋水泥所包围，所以人们越来越关注生活周围的生态环境，更愿意贴近自然。因此，绿色理念下的室内创意设计顺应时代潮流，成为许多年轻人追捧的设计方式。

（一）绿色理念下的室内设计要素

绿色理念下的室内设计要素包括如下内容（如图 8–1 所示）：

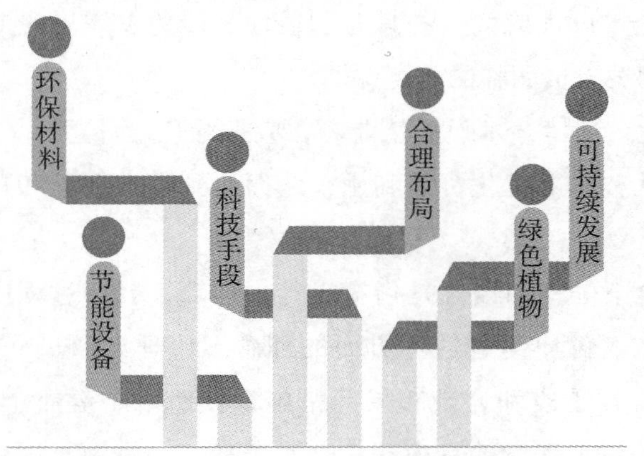

图 8–1　绿色理念下的室内设计要素

1. 环保材料

选择符合环保标准的装修材料，减少室内空气污染。

2. 节能设备

采用节能型灯具、空调等设备，减少能源消耗。

3. 科技手段

采用智能家居系统、室内空气净化器等科技手段，提高室内环境的舒适度和健康度。

4. 合理布局

根据功能需求和人体工程学原理，合理规划室内布局和空间结构，提高室内空间的利用效率和舒适度。

5. 绿色植物

适当添加绿色植物，能够美化室内环境，提高空气质量和舒适度。

6. 可持续发展

考虑室内设计的可持续发展性，从长远角度出发，注重环境保护和资源节约。

（二）研究环保材料

环保材料是绿色理念下室内设计的重要基础，是指对环境没有污染和危害的建筑材料和装饰材料。它们具有低碳、无毒、可降解等特点，可以有效地减少室内空气污染和室外环境污染，保障人们的健康和环境的可持续性。常见的环保材料包括天然材料、绿色建材、可降解材料、再生材料等。天然材料包括木材、竹材、石材、土坯、麻绳等。这些材料具有自然、环保、健康等特点，广泛应用于绿色建筑和室内设计中。绿色建材包括无机胶黏剂、无毒油漆、低 VOC 漆、水性涂料、环保木材等。这些材料具有低碳、无毒等特点，对室内空气污染和室外环境污染的影响较小。可降解材料包括生物质材料、生物降解塑料、淀粉基塑料等。这些材料可以通过自然分解过程，减少对环境的污染和危害。再生

材料包括再生木材、再生石材、再生金属、再生玻璃等。这些材料可以有效地减少对自然资源的消耗，符合可持续发展的原则。设计师可以积极了解环保材料的种类和特性，并结合设计需求选择合适的环保材料，以降低室内空气污染和减少室内装修对环境的影响。

举例而言，竹木材料可以用来制作家具、地板、隔断、墙面等，美观实用。石材材料可以用来制作地板、墙面、梯步、窗台等，足够耐用。无毒环保油漆、水性涂料可以用来粉刷墙面、家具等，既美观实用，又可以让室内空气更加清新健康。

涉及具体的实践，需要从以下四个方面来着手：

第一，查阅资料。可以通过网络、图书馆、媒体等渠道，查阅与环保材料相关的资料，了解环保材料的种类、特点、应用等信息。可以从环保机构、建筑材料协会等权威机构的网站上获取信息，也可以从相关的研究报告、行业指南等资料中获取信息。

第二，调查市场。可以走访市场、建材商场、家居装饰博览会等地方，了解环保材料的市场情况和应用情况。可以通过对环保材料的实际观察、试用等方式，深入了解其性能、质量等方面的特点，进一步提高对环保材料的认识。

第三，参加相关活动。可以参加与环保材料相关的活动，如绿色建筑展、绿色家居设计比赛、绿色建筑论坛等，与业内专家、学者、从业人员交流，了解环保材料的发展趋势、应用前景等方面的信息，扩大对环保材料的了解范围和深度。

第四，进行实验研究。可以选择一些典型的环保材料，进行实验研究，从性能、质量、应用等方面进行评估和比较。还可以通过实验室测试、实地考察、数据分析等方式，深入了解环保材料的物理、化学和生态等方面的特性，为实践中的环保材料选择提供科学依据。

（三）运用节能技术

节能技术是绿色理念下室内设计的另一个关键要素。设计师可以根据设计需求选择合适的节能技术，以降低室内能源消耗和减少对环境的影响。节能技术在绿色理念下的室内设计和建筑领域中发挥着重要作用。通过采用LED灯具、智能控制系统、太阳能热水器、采光系统、空气能热泵等手段，可以有效地降低室内能源消耗和运行成本，实现节能减排的目的，同时保障人们的健康和环境的可持续性。此外，还有许多新型的节能技术正在相关领域得到深入研究。包括新型隔热材料、新型地源热泵、外墙保温系统、热回收系统等。

涉及具体的实践，需要从以下三个方面着手：

第一，参加绿色建筑认证。绿色建筑认证是一种针对建筑环保性能的认证标准，它可以评估建筑的能源消耗、水资源利用、室内环境质量等方面的指标，并根据不同级别的标准，对建筑进行认证和评级。通过参加绿色建筑认证，可以更加科学、全面地应用节能技术，实现绿色理念下的室内设计。

第二，综合设计方案。在室内设计中，应该从建筑结构、设备选型、材料选用等方面，进行综合设计和评估。例如，在建筑结构设计中，应该考虑隔热、保温、通风等方面的需求，采用适当的结构形式和材料。在设备选型中，应该选择高效节能的空调、照明、热水器等设备。在材料选用中，应该选择环保材料和节能材料，如LED灯具、太阳能热水器、隔热材料等。

第三，实时监测和调节。在室内设计完成后，应该进行实时监测和调节。例如，可以采用智能控制系统，对室内环境进行实时监测和调节，根据室内温度、湿度、二氧化碳浓度等参数，自动控制空调、照明、窗帘等设备的运行，实现节能效果。同时，应该定期对室内设备进行检查和维护，保证设备的正常运行和高效节能。

（四）考虑可持续性

可持续性是绿色理念下室内设计的重要原则。设计师可以从长远角度出发，考虑室内设计的可持续性，通过选择可再生材料、减少能源消耗等，能够降低室内装修对环境的影响。

第一，环保材料的应用。选择环保材料是考虑可持续性的重要手段之一。环保材料不仅在生产过程中可以减少污染和浪费资源，还可以减少室内装修和使用过程中化学物质的挥发，以及对人体健康的影响。室内设计中可以选择使用可再生材料，如竹子、再生木材、再生玻璃。竹子是一种快速生长的天然材料，具有可再生性和环保性，也具有良好的防潮、防腐、耐火等性能，它可以用于制作地板、墙板、家具等；再生木材是利用废弃木材加工而成的材料，具有良好的可再生性和环保性，它可以用于制作地板、家具、门窗等；再生玻璃是利用废弃玻璃熔炼再加工而成的材料，具有可再生性和环保性，它可以用于制作隔断、灯具、餐具等。总之，选择环保材料是考虑可持续性的重要手段之一，可以有效降低室内装修和使用过程中的化学物质挥发对人体造成的伤害。

第二，室内空气质量的保护。室内空气质量对人们的健康和舒适度有着重要影响，应采取有效措施保护室内空气质量，以减少室内有害物质的挥发和污染。室内设备的故障和老化是室内污染的重要来源之一，应该定期维护和更换，例如空调、暖气等。在室内清洁时，应该选择环保清洁用品，避免使用含有害物质的清洁剂。例如，可以选择天然植物清洁剂、醋、苏打粉等。除此之外，室内绿植可以吸收室内有害物质，净化室内空气，应该在室内摆放适量的绿植，例如吊兰、虎尾兰等。

第三节　数字化发展理念下的室内环境艺术创意设计

一、信息时代数字技术迅猛发展给室内设计创新提供了可能

自 20 世纪 90 年代以来，人类社会进入信息时代的高速发展时期。计算机技术和通信技术的飞速发展和广泛应用，不仅对人们的生活、工作、交流和思维方式产生了深刻的影响，同时也对室内设计的发展产生了巨大的推动作用，推动了室内设计的不断变革，并且两者之间也融合得愈来愈紧密。

信息技术与室内设计融合是一场全面、深刻的创新变革。一方面，信息技术影响并改变了室内设计活动的各项要素，引发了设计交流、设计方法、设计工具、设计内容等各环节的深刻变革；另一方面，信息技术推动了设计模式和室内设计行业环境等相关领域的全面创新。可以说，云计算、互联网、大数据等技术的快速发展与普及，让人们早已进入“数据大爆发”的时代，开启了人们崭新的生活方式，原来的传统思维和僵化的生产方式已经不再完全适用时下社会。因此，在全新数字化发展理念下进行产业创新尤为重要。在室内设计领域，也应进行这样的创新，打破固有模式僵化的藩篱，从而实现全新的突破。

近些年，信息技术在室内设计中的不断应用与融合，虽然取得了显著的成效，各个相关的企业在基础设施和硬件建设方面投入力度较大，促进了全国室内设计信息化水平的高速发展。但总体而言，室内设计信息化的理念和水平有待进一步提高，信息化的推动力度和机制需要进一步完善，主要问题表现在以下几个方面：

第一，室内设计信息化的观念需要进一步深化和提升。除设计师之外，业务员、施工员、工程管理者和供货商大多数对室内设计信息化的意识薄弱，还没有意识到信息技术将给室内设计带来的革命性影响，从而使得信息技术与室内设计的融合停留在较低的层次，还没有形成有机统一的整体认识。

第二，室内设计综合性网络平台建设薄弱。目前，信息技术在室内设计中的应用基本是围绕数字化设计和通信方式建设的，综合室内设计各环节所涉及的硬件和软件在网络上进行在线设计的平台建设还很薄弱。

第三，优质的室内设计资源欠缺。信息技术为室内设计师提供了前所未有的丰富资源，设计网站、设计素材、设计图片、设计案例、设计模型、设计软件等，但是大量信息的发布欠缺监督管理，使得这些资源质量参差不齐，尤其优质的设计资源欠缺，这不仅影响室内设计质量，而且也影响到了行业健康可持续发展。

针对上述问题，为了实现数字化技术与室内设计的全新融合，设计领域的工作人员仍需做出更多努力与创新，将自己的智慧与创意融入其中，实现艺术设计领域的持续性创新发展。

二、数字技术加持下的室内创意设计实践路径

数字技术为室内创意设计提供了更多的可能性和便利性。涉及具体实践问题，设计师需要从以下方面着手进行创新。

数字化室内创意艺术设计的实践路径（如图 8-2 所示）：

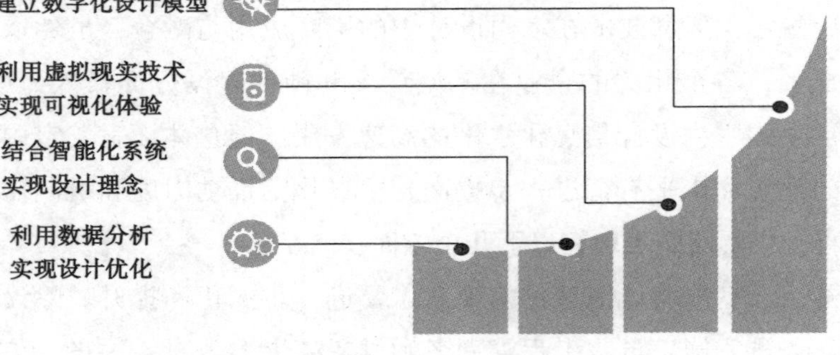

图 8-2　数字化室内创意艺术设计的实践路径

（一）建立数字化设计模型

建立数字化设计模型是室内设计师使用数字技术的重要手段之一。BIM、CAD 等软件都是常用的数字化建模软件，可以帮助设计师更加精确地展示设计效果和空间布局，优化设计方案。

1. BIM（建筑信息模型）

BIM 是一种基于数字化模型的建筑设计和管理技术。它不仅仅是一种软件，更是一种方法和思维方式。在室内设计中，BIM 可以帮助设计师更加精确地展示设计效果和空间布局，还可以对建筑进行能源模拟和评估，以确保设计方案达到最佳的能源效率。

2. CAD

CAD 是一种计算机辅助设计软件，可以帮助室内设计师更快、更精确地创建设计方案。通过 CAD 软件，设计师可以将设计想法转化为数字模型，快速呈现出室内设计的效果。同时，CAD 还可以帮助设计师更好地理解空间比例和布局，从而优化设计方案。

（二）利用虚拟现实技术实现可视化体验

利用虚拟现实技术（VR），可以让客户身临其境地体验设计效果，帮助客户更好地理解和接受设计方案，同时为设计师和客户之间提供更高效的沟通方式。

设计师可以创建逼真的三维模型，将客户带入虚拟的空间中，让客户身临其境地体验设计效果，感受不同材质、颜色、光线对空间的影响。这种沉浸式的体验可以让客户更好地理解和接受设计方案，同时也为设计师提供了更高效的沟通方式。

客户可以在虚拟空间中进行自由浏览和探索，从不同的角度和高度观察设计效果，以便更好地了解设计方案的细节和优劣之处。客户还可以通过 VR 与设计师实时交流，提出自己的想法和需求，并进行修改和

优化，最终得出满意的设计方案。

此外，VR 的应用还可以帮助设计师更好地解决空间设计中的难题。例如，在室内设计中，设计师需要考虑不同材料的色彩、光线、质地等对空间的影响，这些因素对于设计效果的质量和感受都有很大的影响。利用 VR，设计师可以模拟不同材料的效果，进行实时比较和选择，从而优化设计方案。

（三）结合智能化系统实现设计理念

将智能化系统与室内设计相结合，可以实现设计理念的更好体现。

1. 温度控制

利用智能化温控系统，可以根据温度变化自动调整空调或暖气的使用，实现更舒适的室内环境。

（1）温度预设。设计师可以根据不同的房间和不同的时间段，预设不同的温度要求。智能化温控系统可以自动识别房间和时间，根据预设温度要求自动调整空调或暖气的使用，从而实现最佳的室内温度控制。

（2）智能化感应。智能化温控系统可以通过感应器、红外线等技术，实现室内人员的感应和识别，从而调整空调或暖气的使用。例如，在晚上，室内没有人的情况下，系统可以自动降低温度，以节约能源和降低成本。

（3）外部环境监测。智能化温控系统可以通过外部传感器和气象数据，监测室外温度、湿度、气压等参数，以及天气预报等信息，从而调整空调或暖气的使用。例如，在高温天气和晴天时，系统可以自动调整温度和风速，提供更加舒适的室内环境。

2. 空气质量监测

智能化系统可以监测室内空气质量，自动调整通风和空气净化系统的使用，保证室内空气清新。

（1）空气质量传感器。智能化系统可以安装空气质量传感器，监测

室内的空气质量指标，如甲醛、苯等有害气体浓度，以及PM2.5等颗粒物浓度。系统可以根据监测结果，自动调整通风和空气净化系统的使用，以保证室内空气质量达到标准。

（2）自动通风。智能化系统可以根据室内空气质量、湿度、温度等参数，自动控制通风系统的开关和风速。在空气质量较差或湿度过高的情况下，系统可以自动开启通风，增加室内新鲜空气的流通和换气量。

（3）空气净化系统。智能化系统可以根据室内空气质量指标，自动调整空气净化系统的使用。例如，在空气中检测到有害气体浓度较高的情况下，系统可以自动开启空气净化系统，净化室内空气，保证空气质量达到标准。

3. 安全监测

智能化系统可以监测室内烟雾、水浸等安全问题，及时报警并采取措施，保护住户的安全。

（1）烟雾感应器。智能化系统可以安装烟雾感应器，监测室内是否有烟雾产生。在检测到烟雾时，系统可以自动报警，并开启灭火系统或通风系统，保护住户的安全。

（2）水浸监测器。智能化系统可以安装水浸监测器，监测室内是否有水浸。在检测到水浸时，系统可以自动报警，并关闭电源等相关设备，避免电器受损或引发火灾等危险。

（3）安全监控系统。智能化系统可以安装安全监控系统，监测室内的安全情况。例如，系统可以监测门窗是否被破坏、是否有陌生人进入等，从而保障住户的人身安全和财产安全。

（四）利用数据分析实现设计优化

在设计实践中，可以利用大数据分析和人工智能（AI）技术，对室内设计方案进行深度分析，从而得出客户喜好、使用习惯、需求等信息，帮助设计师优化设计方案。

1. 大数据分析

设计师可以通过分析大量的用户数据，如用户行为、偏好、需求、口味等，可以更好地理解客户的喜好和需求，从而调整和优化设计方案，以实现最佳的用户体验。

（1）数据收集。设计师可以通过多种途径收集用户数据，如用户行为数据、市场调研数据、问卷调查数据等。收集到的数据越多，得出的结论就越准确。

（2）数据清洗。在进行数据分析前，需要对收集到的数据进行清洗和处理，去掉无效数据和异常数据，保留有效数据和准确数据，以保证数据分析的准确性和可靠性。

（3）数据分析。通过数据分析工具，如 SPSS、Excel、Python 等，对收集到的数据进行分析，得出数据分析结果。分析结果可以帮助设计师更好地了解用户的需求和喜好，以及客户对设计方案的评价和反馈。

（4）结果应用。利用数据分析结果，设计师可以进行设计方案的优化，调整设计方案的内容和布局，以提高用户的满意度和体验。

2. AI 技术

利用 AI 技术，设计师可以开发智能化系统，对设计方案进行自动优化。例如，可以利用机器学习技术，训练算法来自动优化设计方案，以满足客户的需求和喜好。此外，还可以利用深度学习技术，自动生成新的设计方案，以帮助设计师发现更多的可能性。

（1）机器学习技术。利用机器学习技术，可以训练算法来自动优化设计方案。例如，可以建立模型来预测客户的偏好和需求，以便设计师可以针对性地调整设计方案，以最大程度地满足客户的需求和喜好。

（2）深度学习技术。利用深度学习技术，可以自动生成新的设计方案。例如，可以训练神经网络来生成新的设计图像，以帮助设计师发现更多地设计可能性。这种方法可以大大减少设计师的工作量，同时也可以帮助设计师发现更多的设计灵感。

（3）自然语言处理技术。利用自然语言处理技术，可以自动分析客户对设计方案的反馈和评论，以帮助设计师更好地理解客户的需求和喜好。设计师可以根据客户的反馈和评论，调整设计方案，以提高用户的满意度和体验。

3. 用户反馈

利用数据分析，设计师还可以分析用户反馈和评论，了解用户对设计方案的反馈和评价。了解用户对设计方案的满意和不满意之处，从而改进和优化设计方案，以提高用户满意度。

第四节　优秀作品欣赏

一、马赛公寓

1952 年，在法国马赛市郊诞生了一栋极具创意的公寓楼：马赛公寓。这座建筑由著名建筑师勒·柯布西耶（Le Corbusier）设计，展现了他的独特设计哲学。

马赛公寓犹如一个迷你小城，长 165 米，宽 24 米，高 56 米。从远处看去，一层层的阳台叠加在一起，阳台的侧墙涂抹了红、绿、黄等明亮的颜色。建筑底部的柱子结构上粗下细酷似人类的大腿，承载着整个建筑的重量。马赛公寓共有 17 层居住区，可以容纳大约 1600 人，它的户型丰富多样，无论是单身人士还是大家庭都能找到合适的住所。因此，这些建筑里的住宅单元被设计师称为“居住单元盒子”。

马赛公寓是勒·柯布西耶为现代都市生活提供的一种新型解决方案，他希望通过这种设计，打破传统的居住模式，创造一个既高密度又宜居的生活环境。因此，除了住宅之外，马赛公寓还拥有电梯厅、管理员房间以及 7、8 层的商业和公共设施，如面包店、餐厅、药房等，以满足居民的日常需求。公寓底部设计为开放空间，为居民提供停车和通风的空

间。其设计灵感来自设计师受瑞士的古老住宅小棚屋通过支柱落在水上的启发而成。

公寓展现了设计师“模数”设计理念，旨在创建和谐、均衡的空间。因此大楼的顶层还设有幼儿园、游泳池、运动设施和露天剧场，俨然一个可以欣赏城市风光的观景台。

受马赛公寓设计理念的影响，世界各国的设计师纷纷效仿，其中，位于我国深圳市福田中心区北部的“雕塑家园”就是一个成功的建筑实例，它充分利用空间，重新定义了一种新的居住方式。

二、Skirt+Rock 住宅

位于悉尼 Vaucluse 山丘上的 Skirt+Rock 住宅是由澳大利亚的知名建筑事务所 MCK 设计打造的杰作，住宅体现了与自然完美融合的艺术理念。

住宅的卧室设计独特，直接与宽敞的阳台相连，提供了一个无边际的视野，想欣赏远方的景色，只需坐在床上就可以了。而连接卧室和阳台的门设计灵活，既可以随时与外界隔离，也可以随心所欲地开放空间，让清新的空气流入。阳台的设计显得尤为贴近自然。选用的木材地板与四周的绿意交相呼应，仿佛是一座悬浮在树林之间的观景台。

住宅的客厅设计则更是令人惊艳。下半部分完全敞开，没有任何墙壁和玻璃窗的遮挡，仿佛是一个半室外的休闲空间，与大自然紧密相连。而上半部分则采用大面积的玻璃窗，确保充足的日光能够渗透进来，照亮每一个角落。当夜幕降临，点亮的灯光与四周的星星相映成趣，如同置身于星辰大海之中。

总之，这栋住宅是一个与自然和谐共处的艺术品，每一处细节都体现了设计师的匠心独具和对大自然的敬畏之情。

三、雅诗阁酒店

坐落于纽约繁华地段的雅诗阁酒店，是都市中的一颗璀璨明珠，它用无与伦比的奢华与精致，为每位宾客呈现一个视觉与感官的盛宴。

宾至如归的客房。酒店的每一间客房都如同艺术品般精雕细琢，不仅采用了顶级家具、柔软床品，还融入前沿的科技设备，每一个细节都为了追求客人的极致体验。

美食的殿堂。酒店拥有众多的餐饮选择，从传统美食到世界各地的佳肴一应俱全。餐厅环境优雅，布置奢华，让客人拥有愉快的用餐体验。

高贵的内部装潢。酒店的内部装潢巧妙地利用玻璃、金属等材料，呈现出既现代又高贵的风格，充分展现了设计师的匠心独具。此外，酒店内部还巧妙地融入了许多艺术品与雕塑，使得每个角落都仿佛一个小型的艺术展。

总之，雅诗阁酒店不仅是一个提供住宿的地方，更是一个展现纽约都市风情、融合艺术与奢华的综合体，吸引了无数的游客和商务人士前来体验。

参考文献

[1] 张娜娜，张一帆 . 环境心理学视域下的现代室内艺术设计 [M]. 南京：江苏凤凰美术出版社，2022.

[2] 李远林，吕宙，吴志强 . 室内艺术设计 CAD 制图案例教程 [M]. 合肥：合肥工业大学出版社，2021.

[3] 吴相凯，黎鹏展 . 基于环境心理学的现代室内艺术设计研究 [M]. 成都：四川大学出版社，2018.

[4] 赵虎，李维立 . 当代建筑与室内设计工作室实录 [M]. 天津：天津大学出版社，2002.

[5] 辛艺峰 . 商业建筑室内环境艺术设计 [M]. 武汉：华中科技大学出版社，2008.

[6] 吴广 . 室内设计艺术探索 [M]. 长春：吉林美术出版社，2021.

[7] 曾庆东 . 室内环境艺术创意设计 [M]. 昆明：云南美术出版社，2021.

[8] 熊鑫，许余燕 . 室内陈设设计与环境艺术 [M]. 昆明：云南美术出版社，2021.

[9] 化越 . 室内设计与文化艺术 [M]. 昆明：云南美术出版社，2020.

[10] 童黎彬，陈兰兰 . 基于现代学徒制的校企合作协同育人机制研究：以福州职业技术学院室内艺术设计专业为例 [J]. 辽宁经济职业技术学院 . 辽宁经济管理干部学院学报，2023（3）：159–161.

[11] 张昕 . 植物造景技术在室内艺术设计中的应用 [J]. 植物学报，2023，58（3）：511.

[12] 姚梦琪 . 皮革材料在当代室内艺术设计中的运用 [J]. 西部皮革，2023， 45（8）：122–124.

[13] 朱明秀 . 基于校企协同课程开发的研究与实践：以室内艺术设计专业为例 [J]. 美术教育研究，2023（8）：136–138.

[14] 刘淑艳 . 室内艺术设计专业工作室教学模式研究 [J]. 上海包装，2023（4）：214–216.

[15] 郎皎宇 . 防灾减灾空间营造与室内艺术设计应用 [J]. 防灾减灾工程学报，2023，43（2）：423–424.

[16] 杨大奇 . 室内艺术设计专业教学改革与课程体系建设探究 [J]. 鞋类工艺与设计，2023，3（6）：67–69.

[17] 王跃伟 . 东方美学在室内艺术设计中的运用策略初探 [J]. 大众文艺，2023（6）：28–30.

[18] 蔚建元 . 传统文化与室内艺术设计理念的融合策略 [J]. 明日风尚，2023（6）：137–139.

[19] 刘育威 . 基于绿色设计理念的室内艺术设计研究 [J]. 明日风尚，2023（6）：137–139.

[20] 郭宇佩 . 创新思维在室内艺术设计中的应用策略 [J]. 鞋类工艺与设计，2023，3（4）：180–182.

[21] 姚志勇 . 创新思维在室内艺术设计中的应用策略 [J]. 居舍，2023（6）：28–30.

[22] 朱明秀 . 室内艺术设计与财经素养教育的校企融合探讨 [J]. 鞋类工艺与设计，2023，3（2）：72–74.

[23] 胡春晓 . 室内设计中软装饰艺术设计分析 [J]. 居舍，2023（3）：14–16.

[24] 王跃伟 . 东方美学背景下中国室内艺术设计中的创新意识初探 [J]. 明日风尚，2023（1）：119–122.

[25] 朱军玲 . 高分子材料在室内艺术设计中的应用 [J]. 北方建筑，2022，7（6）：53–57.

[26] 王博 . 软装饰在室内艺术设计中的应用 [J]. 大观，2022（12）：63–65.
[27] 郑海东，王凯丽 . 计算机技术在室内艺术设计中的应用 [J]. 建筑科学，2022，38（11）：179.
[28] 王林霞 . 人性化设计在室内艺术设计中的运用探讨 [J]. 居舍，2022（29）：33–36.
[29] 宋依谜 . 基于绿色设计理念的室内艺术设计研究 [J]. 艺术大观，2022（29）：68–71.
[30] 田源 . 高职院校基于“岗课赛证”校企融通课程体系转变的探索与实践：以江苏建筑职业技术学院室内动画表现课程为例 [J]. 美术文献，2022（9）：119–121.
[31] 张华麟 . 创新思维在室内艺术设计中的应用研究 [J]. 城市建筑，2022，19（16）：110–112.
[32] 张晓琳 . 基于绿色设计理念的室内艺术设计分析 [J]. 城市建筑空间，2022，29（7）：226–228.
[33] 张淑娥 . 乡村民居室内艺术设计发展研究 [J]. 中国果树，2022（7）：114–115.
[34] 卓芊吟，产季宜 .OBE 理念下设计基础课程专业特色化研究：以色彩课程为例 [J]. 大观 ,2022（6）：141–143.
[35] 俞雷 .“全装修”行业背景下室内艺术设计专业人才培养模式研究 [J]. 陕西青年职业学院学报，2022（2）：48–50.
[36] 李墨涵 . 人性化设计在室内艺术设计中的运用研究 [J]. 大众标准化，2022（8）：86–88.
[37] 于艳楠 . 现代室内艺术设计思想探究 [J]. 居舍，2022（11）：24–26.
[38] 陈丹路 . 室内艺术设计专业工作室教学模式的实践路径研究 [J]. 安徽职业技术学院学报 ,2022，21（1）：82–85.
[39] 李敏 . 民间美术在室内艺术设计中的运用 [J]. 大观，2022（3）：60–62.
[40] 刘淑艳 . 基于绿色设计理念的室内艺术设计研究 [J]. 明日风尚，2022（4）：147–150.

[41] 赵晓跃 . 创新思维在室内艺术设计中的运用研究 [J]. 天工，2022（3）：76–77.

[42] 张华麟 . 传统文化与室内艺术设计理念的融合及创新探析 [J]. 中国民族博览，2022（1）：171–173.

[43] 吴欣鑫 . 高职院校室内艺术设计专业多维度的毕业创作模式：以宁夏民族职业技术学院室内艺术设计专业为例 [J]. 中国民族博览，2021（24）：92–94.

[44] 耿文龙 . 人性化设计在室内环境艺术设计中的应用分析 [J]. 鞋类工艺与设计，2021，1（24）：116–118.

[45] 纪传勇 . 基于计算机 BIM 技术在室内艺术设计中的应用研究 [J]. 软件，2021，42（12）：92–94.

[46] 张培 . 探究室内艺术设计中创新思维的应用 [J]. 鞋类工艺与设计，2021，1（23）：119–121.

[47] 岳子煊，高祥秀 ."双高计划"背景下室内艺术设计专业教师企业实践研究 [J]. 大观，2021（12）：146–147.

[48] 郁茗媛，杨春芳 . 高职室内艺术设计专业软装课程教学模式探索 [J]. 美术教育研究，2021（21）：140–141.

[49] 高鹏 . 初探高职艺术设计类室内艺术设计专业毕业生就业对策 [J]. 就业与保障，2021（20）：163–164.

[50] 李耘云 . 数字时代室内艺术设计的传播转向与路径：评《艺术设计传播学》[J]. 传媒，2021（20）：100.

[51] 夏风玉 . 基于绿色设计理念的室内艺术设计研究 [J]. 居舍，2021（27）：107–108.

[52] 夏风玉 . 室内艺术设计中的人性关怀分析 [J]. 居舍，2021（26）：75–76.

[53] 韩璐 . 国潮文化语境下智慧空间的室内艺术设计研究 [J]. 剧影月报，2021（4）：67–70.

[54] 翟胜增 . 高职室内艺术设计专业项目化课程体系构建与实践 [J]. 河北职业教育，2021，5（4）：100–104.

[55] 李媛 . 软装饰材料在室内艺术设计中的应用探讨 [J]. 鞋类工艺与设计，2021（14）：98–99.

[56] 范亚飞 . 高职院校室内艺术设计专业课程思政教育实践：以居住空间综合设计课程为例 [J]. 黄河 . 黄土 . 黄种人，2021（13）：36–37.

[57] 凡建秋 . 民间美术在室内艺术设计中的运用 [J]. 环境工程，2021，39（6）：251.

[58] 刘佳男 . 色彩在室内艺术设计中的科学运用 [J]. 流行色，2021（6）：30–31.

[59] 张军 . 室内环境艺术设计中的创意思维思考 [J]. 明日风尚，2021（10）：147–148.

[60] 展庆召，谷葳，李永利 . 软装饰材料在室内艺术设计中的应用 [J]. 牡丹，2021（8）：155–157.

[61] 郑婷 . 云聚 – 室内艺术设计混合式教学设计与实践 [J]. 太原城市职业技术学院学报，2021（2）：140–142.

[62] 黄子云 . 室内艺术整装设计项目策划模块信息网络研究 [J]. 住宅与房地产，2021（2）：131–132.

[63] 高飞 . 软装饰材料在室内艺术设计中的应用探讨 [J]. 北京印刷学院学报，2020，28（12）：30–32.

[64] 张奥 . 室内艺术设计中色彩的科学运用及研究 [J]. 西部皮革，2020，42（24）：51–52.

[65] 张奥 . 基于绿色设计理念的室内艺术设计思考 [J]. 西部皮革，2020，42（22）：46–47.

[66] 高越 . 寒地城市建筑室内艺术设计的考虑因素及其利用策略 [J]. 轻纺工业与技术，2020，49（11）：96–97.

[67] 张惠娟 . 室内艺术设计专业“工作室”教学模式的实践研究 [J]. 作家天地，2020（20）：166–167.

[68] 甄慧霞，甄伟肖 . 地域文化在农村民居室内艺术设计中的应用：评《农业环境审美价值研究》[J]. 热带作物学报，2020，41（9）：1972.

[69] 郭晓未 . 传统民族文化与室内艺术设计理念的融合 [J]. 大观，2020（9）：50–51.